掌上秦岭口袋书系列

陕西出版资金资助项目

秦岭常见植物识别手册

QINLING CHANGJIAN ZHIWU SHIBIE SHOUCE

主　　编	李保国
本册主编	党高弟
编　　者	于晓平　于海丽　王晓卫
	王程亮　任　毅　刘　盼
	齐晓光　杨星科　芦竹艳
	李保国　何少文　何　刚
	房丽君　赵纳勋　赵海涛
	候　立　郭松涛　党高弟
	曹　庆　常鸿莉　黎　斌

（以姓氏笔画排序）

陕西新华出版传媒集团
陕西人民教育出版社
·西安·

图书在版编目（CIP）数据

秦岭常见植物识别手册 / 李保国主编. -- 西安：陕西人民教育出版社，2015.12（2017.9重印）
（掌上秦岭口袋书系列）
ISBN 978-7-5450-4187-3

Ⅰ.①秦… Ⅱ.①李… Ⅲ.①秦岭 - 植物 - 手册 Ⅳ.①Q948.52-62

中国版本图书馆CIP数据核字（2015）第309842号

掌上秦岭口袋书系列
秦岭常见植物识别手册

主　　编　李保国
本册主编　党高弟

出　　版	陕西新华出版传媒集团 陕西人民教育出版社	
发　　行	陕西人民教育出版社	
地　　址	西安市丈八五路58号	
邮　　编	710077	
网　　址	http://www.snepublish.com	
经　　销	各地新华书店	
印　　刷	西安创维印务有限公司	
开　　本	889mm×1194mm　1/48	
印　　张	5	
字　　数	110千字	
版　　次	2015年12月第1版 2017年9月第2次印刷	
书　　号	ISBN 978-7-5450-4187-3	
定　　价	25.00元	

序 言

我的家乡坐落于秦岭脚下的渭河平原，儿时的我在琅琅读书之余常会推开窗扉遥望秦岭大山，每当此时，心中便会萌生有关那神秘大山的无限畅想。

1978年国家恢复高考，我幸运地踏入了大学之门，开始学习生物学知识。第一次进入秦岭是1980年的教学实习，深山中争奇斗艳的花朵、自由飞翔的鸟儿、翩翩起舞的昆虫、雾霭缭绕的森林，无不令我陶醉，让我着迷，不知不觉中我深深地爱上了秦岭。

为了实现儿时的梦想，从这以后，我开始探索秦岭丰富多彩的生物世界，遨游于生物学知识的海洋之中。三十多年来，我踏遍了秦岭的山山水水，历尽了路途的艰难险阻，领略了大自然的神奇美妙，见证了生物多样性的博大精深，并憧憬着未来能有更多的人们走进大山，深入了解秦岭，珍惜并爱护大自然馈赠的财富。

这个时代终于到来了。随着国家经济的飞速发展，人们的生活越来越富足，走进自然作为人们追求生活品质的方式，已成寻常。然而，常常有从秦岭山中游玩归来的朋友告诉我，山中景物确实很美，但是那些令人眼花缭乱的花鸟草木却不甚了解，实在有些遗憾。而我在出国学术访问闲暇之时，常去书店浏览，发现国外有许多介绍自然界的动物、植物、海洋、沙漠等的科普口袋书，小巧便携，很受当地读者的欢迎，心中便生出一个念头：什么时候也能够编一套这样的书籍给我们中国的读者就好了！

机会终于来了，陕西人民教育出版社的编辑找到我和我的同仁，希望编写出版一套图文并茂，集科学性、文化性、实用性于一炉，介绍我们大秦岭生物多样性的科学普及类书籍。正是在这样的机缘下，大家期待中的"掌上秦岭口袋书系列"丛书出版问世了。

亲爱的读者朋友们，愿这套小书能够唤醒你儿时的记忆，带你走进大山深处，探秘令人心旷神怡的生物世界。让我们一起来保护我们赖以生存的秦岭生态环境，真正做到人与自然和谐共处，从而使得我们的生活更加幸福！

2015年12月13日于西北大学

植物识别常识

叶的基本形态构造

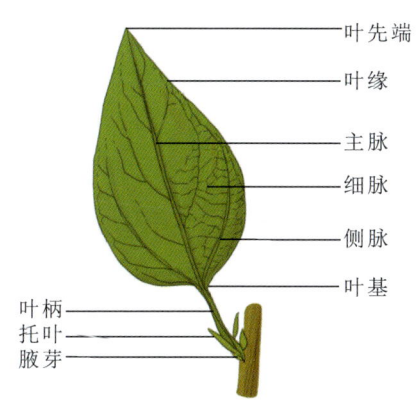

叶先端
叶缘
主脉
细脉
侧脉
叶基
叶柄
托叶
腋芽

叶形

圆形　　椭圆形　　倒心形（小叶）　　披针形

针形　　楔形

三角状卵形　　扇形　　倒卵形

心形　　线形　　肾形

卵形　　菱形　　箭形

叶脉

叶的着生

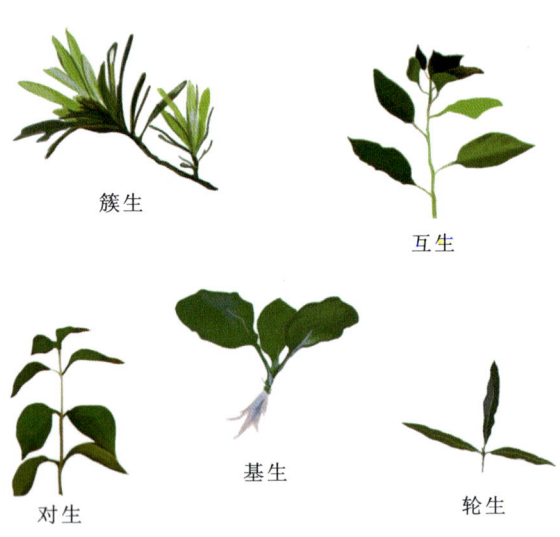

花的基本形态构造

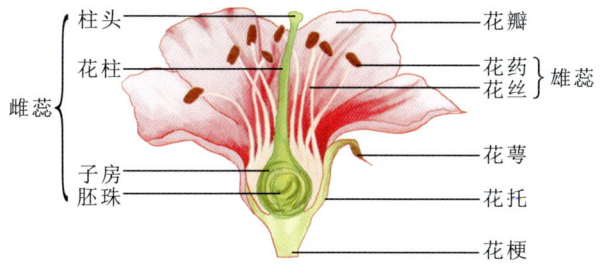

花序

总状花序 　　伞房花序 　　伞形花序

穗状花序 　　柔荑(tí)花序 　　肉穗花序

头状花序 　　圆锥花序 　　隐头花序

果实的类型

浆果

梨果

瓠(hù)果

双悬果

坚果

瘦果

翅果

核果

荚果

蒴果

颖果

长角果

短角果

聚合果

蓇(gū)葖(tū)果

聚花果

目录

银杏科·················001
银杏···················001
松科···················002
秦岭冷杉·············002
巴山冷杉·············003
铁杉···················004
太白红杉·············005
华山松···············006
油松···················007
三尖杉科············008
三尖杉···············008
红豆杉科············009
红豆杉···············009
香蒲科···············010
香蒲···················010
禾本科···············011
巴山木竹·············011
龙头箭竹·············012
秦岭箭竹·············013
芦苇···················014
华山新麦草·········015
野燕麦···············016
看麦娘···············017
狗尾草···············018
黄背草···············019
薏苡···················020
莎草科···············021
东方蒿草·············021
具芒碎米莎草······022
天南星科············023
石菖蒲···············023
菖蒲···················024
一把伞南星·········025
半夏···················026
鸭跖草科············027
鸭跖草···············027
灯心草科············028
灯心草···············028
百合科···············029
牛尾菜···············029
鞘柄菝葜·············030
羊齿天门冬·········031

粉条儿菜……032	石蒜科……053
紫萼……033	忽地笑……053
萱草……034	石蒜……054
麦冬……035	薯蓣科……055
油点草……036	穿龙薯蓣……055
开口箭……037	鸢尾科……056
吉祥草……038	射干……056
玉竹……039	鸢尾……057
黄精……040	兰科……058
鹿药……041	扇脉杓兰……058
万寿竹……042	毛杓兰……059
延龄草……043	凹舌兰……060
七叶一枝花……044	手参……061
太白贝母……045	大叶火烧兰……062
假百合……046	黄花白芨……063
云南大百合……047	白芨……064
百合……048	绶草……065
卷丹……049	独蒜兰……066
细叶百合……050	三棱虾脊兰……067
茖韭……051	杜鹃兰……068
天蓝韭……052	蕙兰……069

春兰…………………070	茅栗…………………085
三白草科………………071	槲栎…………………086
蕺菜…………………071	短柄枹栎………………087
金粟兰科………………072	栓皮栎…………………088
银线草…………………072	榆科…………………089
杨柳科…………………073	大果榆…………………089
冬瓜杨…………………073	青檀…………………090
川杨…………………074	桑科…………………091
旱柳…………………075	异叶榕…………………091
中国黄花柳……………076	柘……………………092
胡桃科…………………077	葎草…………………093
化香树…………………077	荨麻科…………………094
野核桃…………………078	红火麻…………………094
枫杨…………………079	苎麻…………………095
桦木科…………………080	赤麻…………………096
白桦…………………080	马兜铃科………………097
红桦…………………081	异叶马兜铃……………097
藏刺榛…………………082	单叶细辛………………098
榛……………………083	细辛…………………099
千金榆…………………084	蓼科…………………100
壳斗科…………………085	酸模…………………100

短毛金线草……101	华北楼斗菜……115
红蓼……102	升麻……116
何首乌……103	等叶花葶乌头……117
杠板归……104	卵瓣还亮草……118
藜科……105	茴茴蒜……119
藜……105	太白美花草……120
苋科……106	短柱侧金盏花……121
牛膝……106	打破碗碗花……122
青葙……107	白头翁……123
商陆科……108	秦岭铁线莲……124
商陆……108	木通科……125
马齿苋科……109	猫儿屎……125
马齿苋……109	三叶木通……126
石竹科……110	小檗科……127
坚硬女娄菜……110	假豪猪刺……127
狗筋蔓……111	阔叶十大功劳……128
领春木科……112	三枝九叶草……129
领春木……112	木兰科……130
毛茛科……113	紫木兰……130
川赤芍……113	华中五味子……131
铁筷子……114	樟科……132

三桠乌药……132
木姜子……133
罂粟科……134
小果博落回……134
白屈菜……135
荷青花……136
大叶紫堇……137
十字花科……138
大叶碎米荠……138
诸葛菜……139
景天科……140
小丛红景天……140
菱叶红景天……141
费菜……142
平叶景天……143
虎耳草科……144
七叶鬼灯檠……144
白溲疏……145
蔷薇科……146
中华绣线梅……146
绣球绣线菊……147
高丛珍珠梅……148
平枝栒子……149
火棘……150
甘肃山楂……151
陕甘花楸……152
棣棠花……153
黄毛草莓……154
蛇莓……155
豆科……156
山合槐……156
紫荆……157
云实……158
草木樨……159
紫藤……160
紫云英……161
山蚂蝗……162
黄檀……163
野大豆……164
葛……165
牻牛儿苗科……166
毛蕊老鹳草……166

芸香科……167	栾树……178
竹叶花椒……167	凤仙花科……179
苦木科……168	水金凤……179
臭椿……168	鼠李科……180
楝科……169	铜钱树……180
香椿……169	勾儿茶……181
马桑科……170	葡萄科……182
马桑……170	爬山虎……182
漆树科……171	猕猴桃科……183
粉背黄栌……171	猕猴桃……183
黄连木……172	藤黄科……184
盐肤木……173	黄海棠……184
卫矛科……174	堇菜科……185
卫矛……174	紫花地丁……185
省沽油科……175	旌节花科……186
膀胱果……175	中国旌节花……186
槭树科……176	秋海棠科……187
青榨槭……176	中华秋海棠……187
七叶树科……177	胡颓子科……188
七叶树……177	披针叶胡颓子……188
无患子科……178	八角枫科……189

八角枫……189	华北紫丁香……202
柳叶菜科……190	龙胆科……203
柳兰……190	椭圆叶花锚……203
待宵草……191	萝藦科……204
五加科……192	杠柳……204
楤木……192	旋花科……205
伞形科……193	菟丝子……205
鸭儿芹……193	紫草科……206
前胡……194	倒提壶……206
野胡萝卜……195	马鞭草科……207
山茱萸科……196	臭牡丹……207
红瑞木……196	唇形科……208
杜鹃花科……197	活血丹……208
杜鹃花……197	香薷……209
报春花科……198	茄科……210
齿萼报春……198	挂金灯……210
过路黄……199	玄参科……211
山矾科……200	细穗腹水草……211
白檀……200	苦苣苔科……212
木犀科……201	吊石苣苔……212
连翘……201	车前科……213

平车前·············213	紫斑风铃草·········218
茜草科············214	菊科··············219
鸡矢藤············214	一年蓬············219
忍冬科············215	珠光香青··········220
双盾木············215	蜂斗菜············221
败酱科············216	华蟹甲草··········222
岩败酱············216	蒲儿根············223
川续断科··········217	**参考文献**·········224
日本续断··········217	
桔梗科············218	

备注：目录中物种所属的科是按照种子植物系统演化关系排序；科以下的物种是按照《秦岭植物志》排序。

阅读说明	示 例	说 明
	🌱🌱🌱🌱	国家一级保护植物
	🌱🌱🌱	国家二级保护植物
	🌱	陕西省重点保护植物
	绿色字样	植物的识别要点
	(*Ginkgo biloba*)	学名

银杏 (*Ginkgo biloba*) 🌳🌳🌳

银杏科
别名：白果树、公孙树

形态特征 落叶大乔木，雌雄异株。叶扇形（其他植物没有该特征），中央常二浅裂，叶簇生于短枝，或螺旋状散生于长枝上。雌、雄花均生于短枝先端。种子为核果状，外种皮为肉质，成熟时为黄色，被白粉。

分布 在秦岭海拔1000米以下均有栽培。

用途及价值 观赏性植物。叶和种子（称白果）可入药，亦可食用。外种皮有毒。银杏在第四纪冰川后仅在我国幸存，有"活化石"之称。

秦岭冷杉（*Abies chensiensis*）

松科
别名：朴木、朴松

形态特征 乔木，高可达50米。叶不等长，较巴山冷杉叶稍长些，呈条形，螺旋状着生，或基部扭转排成两列，叶背面气孔带为灰绿色或稍白色，不明显，且近似两列排列。球果未成熟时为绿色，成熟时为褐色。

分布 分布于秦岭南北坡海拔2000米左右的山坡或山谷地带，数量较少。

用途及价值 建筑、家具用材。

巴山冷杉（*Abies fargesii*）

松科
别名：朴木、朴松、太白冷杉

形态特征 乔木，高可达35米。小枝红褐色或略带紫色。叶通常呈梳状，螺旋状着生，背面具粉白色气孔带，明显。枝条上面的叶斜展或直立，下面的叶排成两列。球果未成熟时为蓝黑色，成熟时为褐色。

分布 在秦岭海拔2150～2800米成片分布。

用途及价值 秦岭的建群树种，保持高山水土的主要树种，良好的用材树种。

松科

铁杉（*Tsuga chinensis*）

松科
别名：铁力松、枣松

形态特征 乔木，树皮深纵裂，内皮为褐红色。枝梢下垂。叶螺旋状着生，呈条形，排成不规则两列。球果小，未成熟时为亮绿色，成熟时为褐色，能长期不落，易和红豆杉混淆。

分布 零散生长在秦岭2000～2500米的山坡。

用途及价值 优良的用材树种。种子榨油可制肥皂、润滑油等。现已被列入地方保护树种。

太白红杉（*Larix chinensis*）

松科
别名：太白落叶松

形态特征 落叶乔木，高可达25米，树皮为灰色，薄片状剥裂。枝条有长、短枝之分。叶呈窄条形，在长枝上螺旋状散生，在短枝上簇生。球果未成熟时为红色，成熟时为灰褐色。

分布 生长在秦岭海拔2800米以上的山坡。

用途及价值 秦岭特有树种，是秦岭高海拔区域水土保持的固有林带，也是这个区域的建群树种。生长周期缓慢，需要加强保护。

华山松（*Pinus armandii*）

松科
别名：马代松、五须松

形态特征 乔木，高可达30米。树皮幼时为灰绿色，平滑。枝条平展铺散，叶呈针形，边缘有细锯齿，5针一束。球果绿色，较大，长10～20厘米，下垂。

分布 在秦岭海拔1000～2500米的山坡、山脊上均有分布，且能成片。

用途及价值 种子可食用，也可榨油。树体可以割取松脂。用材树种。

油松（*Pinus tabulaeformis*）
松科
别名：赤松

形态特征 乔木，高可达30米。树皮为灰褐色，不规则状开裂。叶2针一束，较粗硬，边缘有细锯齿。球果较小，长1.2～1.8厘米。

分布 生长在秦岭海拔800～2200米贫瘠的山坡上。

用途及价值 重要的经济树种。

三尖杉（*Cephalotaxus fortunei*）
三尖杉科

形态特征 乔木，高10~20米。树皮为灰褐色或红褐色，裂片薄而光滑，大片剥落后，出现灰白色的内皮。叶呈条形，对生，基部扭转排列成两列，微弯似镰刀状。种子有肉质假种皮，呈核果状，成熟时为紫黑色。

分布 常见于秦岭南坡海拔600~1200米的河谷地带，秦岭北坡则分布在海拔1000米左右的沟谷。

用途及价值 种子可入药，也可榨油供制作漆、蜡、肥皂等。

红豆杉（*Taxus chinensis*）

红豆杉科

形态特征 乔木，高可达20米。树皮开裂，成条片脱落。叶呈条形，螺旋状着生，排列成两列，微弯似镰刀状，长2～3厘米。种子生长于杯状肉质的假种皮中，红色，成熟时略有甜味。

分布 零散生长在秦岭海拔1400～2000米的河谷或山坡。

用途及价值 叶、皮、枝条可提取紫杉醇，具有抗癌作用。种子可榨油。假种皮可食用。野生资源较稀缺。

香蒲 (*Typha orientalis*)

香蒲科
别名:毛蜡、水蜡烛、水蜡

形态特征 水生草本植物,株高1~2米。叶片扁平,呈条形,长近1米,宽0.5~0.8厘米。花集成穗状花序,分雌花序和雄花序,褐色,雌、雄花序相连接,雄花序着生于上部。雄花序较雌花序短近一半。

分布 秦岭南北坡均有分布,生长于积水较深的凹地。

用途及价值 花粉可入药。蒲绒(雌花序上的毛)可做枕絮。

巴山木竹（*Bashania fargesii*）

禾本科
别名：木竹、法氏箬竹、秦岭箬竹

形态特征 秆高3～10米，直径2～5厘米，中部节间长40～60厘米。箨（tuò）鞘（竹壳）迟落或宿存，起初被棕色小刺毛。秆上每节分枝初为3枝。

分布 生长在秦岭南坡海拔700～1900米的栎类林中。

用途及价值 秦岭大熊猫主食竹种之一。可用来造纸，制作农具、家具。

龙头箭竹（*Fargesia dracocephala*）

禾本科
别名：龙头竹

形态特征 秆高3~5米，直径5~9厘米，节间15~20厘米，幼时密被白粉，无毛。箨环显著隆起呈一圆脊，高于秆环，且箨环质地近木栓质，较软，可用手抠下。箨鞘为革质，迟落，淡红褐色，短于节间。

分布 在秦岭南北坡均有分布，大面积生长在海拔1300~1600米的林下。

用途及价值 秦岭大熊猫主食竹种之一。可制作扫帚。

秦岭箭竹（*Fargesia qinlingensis*）

禾本科
别名：松花竹

形态特征 秆高1～3.3米，直径0.4～0.9厘米，节间长4～16厘米，幼时被较多白粉。秆环平坦，箨环隆起，木栓质，较硬。箨鞘宿存，常为紫绿色，远长于节间。箨耳镰形，易脱落，边缘具毛。

分布 主要生长在秦岭海拔1700～3000米的山坡林中，在海拔1700米以下沿河道有零星分布。常与龙头箭竹、巴山木竹混生。

用途及价值 秦岭大熊猫主食竹种之一。可制作扫帚。

芦苇(*Phragmites australis*)
禾本科

形态特征 秆高1~3米,具粗壮的根状茎。茎中空。圆锥花序长达40厘米,有多数分枝,着生稠密、下垂的小穗。

分布 生长在沼泽、河旁及湖边。

用途及价值 植株幼时可做饲料。秆可供造纸、编席。也是护土固堤的首选植物。

华山新麦草

(*Psathyrostachys huashannica*)
禾本科

形态特征 秆高40~60厘米。秆基部密集枯萎的叶鞘。穗状花序下部为叶鞘所包,穗轴脆,成熟时逐节脱落。颖长于小花,酷似小麦,但穗比小麦的小。

分布 仅产于华山脚下的岩石缝隙及残积土中。

用途及价值 培育小麦新品种的良好野生种质资源。

野燕麦（*Avena fatua*）
禾本科

形态特征 一年生草本植物。秆高30~150厘米。叶鞘松弛。圆锥花序开展，长10~25厘米。小穗弯曲，紧凑，有光泽，长1.8~2.5厘米，含2~3朵小花。

分布 分布较广，沿路或荒芜田野常见。

用途及价值 新鲜茎叶可作为家畜的青饲料。

看麦娘 (*Alopecurus aequalis*)
禾本科

形态特征 一年生草本植物。秆丛生,光滑,高15～40厘米。圆锥花序呈圆柱状,灰绿色,花药为橙黄色。

分布 在水田边或潮湿的地方分布较多。

用途及价值 幼嫩植株可作为家畜的饲料。

狗尾草 (*Setaria viridis*)

禾本科
别名：狗尾巴草

形态特征 一年生草本植物。秆直立，高10～100厘米。圆锥花序紧密，呈圆柱状，形似狗尾。每小穗下有数枚刚毛，刚毛直立，较密，为绿色或褐黄到紫色。

分布 广布各地，生长于路边荒地。

用途及价值 可作为家畜的饲料。

黄背草（*Themeda japonica*）

禾本科

形态特征 多年生草本植物。秆高0.5~1.5米，光亮，实心，坚硬，髓白色。叶鞘为淡黄色。总状花序较小，长1.5~1.7厘米。总状花序具佛焰状苞片，组成伪圆锥花序，长30~40厘米。

分布 秦岭低海拔处常见，生长于干旱的山坡。

用途及价值 秆、叶可供造纸，也可作为盖茅屋的材料。根可制作成洗锅的刷子。

薏苡（yǐ）(*Coix lacryma-jobi*)

禾本科
别名：薏米

形态特征 一年或多年生草本植物。秆高1~1.5米。总状花序，成束腋生。小穗单性，雄小穗着生于花序上部，雌小穗位于花序下部，外面包以念珠状总苞片，有光泽。

分布 分布较广，喜潮湿地。现多为栽培种或逸生种。

用途及价值 果实含淀粉和油脂，可酿酒，也可入药。

东方藨(biāo)草(*Scirpus orientalis*)

莎(suō)草科

形态特征 多年生草本植物。根状茎短。秆高80~120厘米。茎秆单生,直立,粗壮,坚硬,呈钝三棱形,但近花序下部棱尖锐且粗糙。秆生叶等长于或短于花序,长20~40厘米。聚伞花序顶生,灰黑色,大型,具有多级的辐射枝。

分布 常见于秦岭西部南北坡海拔950~2000米的山坡、谷地和浅水处。

用途及价值 可作为牧草。

具芒碎米莎草（*Cyperus microiria*）

莎草科

别名：小碎米莎草

形态特征 一年生草本植物。秆高20～60厘米，直立，丛生，无毛，三棱形，下部生叶。叶短于茎秆或等长。穗状花序，具多数小穗。花序下的绿色苞片呈长条形，3～4枚，长于花序。

分布 在秦岭南北坡均有生长，常见于海拔400～1200米的山谷或田埂。

用途及价值 可作为牧草。

石菖蒲（*Acorus tatarinowii*）
天南星科

形态特征 多年生草本植物。根状茎较长，裸露，有分枝。叶基生，无柄，叶基部鞘状膨大，长10～30厘米，宽5～7毫米，剑状线形，基部对折。揉碎叶子时有香味。肉穗花序，呈圆柱状，斜上或直立。花序下面的佛焰苞狭长，绿色，叶状。花序柄高10～25厘米，扁三棱形。花单性，白色。

分布 常见于秦岭南坡，生长在泉水、溪流旁的岩石缝隙或石砾堆中。

用途及价值 根茎可入药，具有宽中开胃、解毒杀虫的功效。有微毒。

天南星科

菖蒲（*Acorus calamus*）

天南星科
别名：白菖蒲、苍蒲

形态特征 多年生草本植物。整个植株较石菖蒲大。根状茎粗壮，芳香。叶基部有膜质叶鞘，叶呈剑形，对褶，两行排列，向上直伸，长30～70厘米，有时可达100厘米。肉穗花序，黄绿色，斜向上。花序轴稍扁平，佛焰苞为绿色，与叶同形。花单性，为黄色。

分布 生长在秦岭南北坡低山区或平原区常年积水的洼地中。

用途及价值 可制作香料，茎、叶可入药。

一把伞南星 (*Arisaema erubescens*)

天南星科
别名:一把伞、天南星

形态特征 块茎呈扁球形,直径2~4厘米。叶1枚,叶呈放射状分裂,裂片数可多达20枚。叶柄较高,具鞘,单一不分枝。肉穗花序,为单性。花序的柄短于叶柄,有绿色佛焰苞。果实为红色。

分布 广布于秦岭海拔1000米左右的阴湿山谷或林下。

用途及价值 块茎可入药。有毒。

半夏 (*Pinellia ternata*)
天南星科

形态特征 块茎呈圆球形、较小。幼苗时具单叶,老株时叶三全裂或鸟足状分裂。花序柄高于叶柄。佛焰苞紧凑,不用手剥看不见里面,外面为绿色,有时边缘为紫红色。

分布 秦岭南北坡均有分布,常见于林下或农田旁。

用途及价值 块茎可入药,具有燥湿化痰、健脾开胃的功效。有毒。

鸭跖草 (*Commelina communis*)
鸭跖草科

形态特征 一年生草本植物。匍匐茎。叶呈卵状披针形。叶鞘有红色条纹。聚伞花序生于茎上部,具3~4朵花。花两侧对称。花瓣3枚,上面2枚为蓝色,下面1枚为白色。佛焰苞呈心形,边缘对合呈折叠状。

分布 分布广,喜生于潮湿阴凉处。

用途及价值 全草可入药,具有清热解毒、利水消肿的功效。可治毒蛇咬伤。

灯心草（*Juncus effusus*）
灯心草科

形态特征 多年生草本植物。具粗壮横走的根状茎。茎丛生，圆柱形，具纵条纹，质地软，内部充满乳白色的髓。叶从茎基部长出，茎上无叶。茎上部近1/4处侧生聚伞花序。

分布 常见于秦岭南坡，生长在池塘边、河岸或稻田旁。

用途及价值 供编织用。其髓可做灯芯，也可入药。

牛尾菜（*Smilax riparia*）

百合科
别名：草菝葜（qiā）

形态特征 攀援草本植物。茎软，无刺，中空，或有少量髓。叶基部呈心形，叶柄两侧具翅状鞘，鞘中部有一对卷须。花为绿色。伞状花序，花序柄粗硬。果实成熟时为黑色。

分布 生长在秦岭海拔1000～1750米的山坡路旁或灌丛中。

用途及价值 根及根茎可入药，能祛风湿，活血通络。根茎含有淀粉，可酿酒。

鞘柄菝葜 (*Smilax stans*)
百合科

形态特征 落叶小灌木，直立，高0.3~3米。茎坚硬，灰绿色，无刺或毛，有细条纹。叶柄呈鞘状，无卷须。伞形花序，具1~3朵花或更多，黄绿色。

分布 生长在秦岭海拔1000~2000米的山坡灌丛中。

用途及价值 果实可食用。

羊齿天门冬(*Asparagus filicinus*)

百合科
别名:蕨叶天门冬、千年老鼠屎

形态特征 多年生草本植物。块根呈纺锤状,多且密集。茎直立,多分枝。叶状枝(分枝扁平,呈条形,绿色,类似叶,称为叶状枝)扁平,2~5个簇生。叶退化成鳞片状,褐色,不易辨认。浆果呈圆形,黑色。

分布 较常见于潮湿的林下或草丛中。

用途及价值 块根可入药。

粉条儿菜（*Aletris spicata*）

百合科
别名：肺筋草

形态特征 多年生草本植物。具短小根状茎。叶基生，线形。花茎直立、单一。总状花序，疏生多花。花梗极短。花被呈钟形，黄绿色，上端为粉红色。

分布 秦岭广布，生长在海拔较低的山坡、草地或路旁。

用途及价值 全草可入药，具有清热利湿、润肺的功效。

紫萼（*Hosta ventricosa*）

百合科
别名：紫玉簪

形态特征 多年生草本植物。根状茎粗壮。叶基生，较玉簪的叶形小。叶柄长。花茎长达70厘米，常有1～3枚苞片状叶，顶端具总状花序，10～30朵花。花被为淡紫色，合生。盛开时，花被管近漏斗状扩大。

分布 在秦岭南坡有分布，生长在海拔1000～2000米山地河沟的阴湿地带。

用途及价值 观赏性植物。

萱草 (*Hemerocallis fulva*)

百合科
别名：野黄花菜

形态特征 多年生草本植物。根肉质，中下部纺锤状膨大。叶基生，呈条状披针形。花茎长。总状花序，呈圆锥状，具6~12朵花。花直立，橙黄色或橙红色，花被合生成筒状，上部6枚裂片，两轮排列，漏斗状。内花被裂片下部有"∧"形彩斑。

分布 常分布在山谷的湿润地带和河道边。

用途及价值 花蕾可做蔬菜。根可入药，治尿路结石。

麦冬 (*Ophiopogon japonicus*)

百合科
别名：麦冬沿阶草

形态特征 多年生草本植物。根粗，有膨大的块根。叶丛生，线形，具3~7条脉，边缘具细锯齿。花茎比叶短。总状花序，花为白色或淡紫色。花被片6，分离，两轮排列，稍下垂而不展开，呈披针形。果实为蓝黑色。

分布 生长在沟谷林下。

用途及价值 块根可入药，可食用。园林景观植物。

油点草 (*Tricyrtis macropoda*)

百合科
别名：黄瓜秧子

形态特征 多年生草本植物。茎直立，光滑。叶互生于茎上，长圆形，长8~13厘米，宽3~6厘米。叶面有浅黑色油点状斑点，大小不一。揉碎叶后有黄瓜的气味。聚伞花序顶生或生于上部叶腋。花被片6，分离，两轮排列，绿白色，内面具紫红色斑点。

分布 较多分布在秦岭海拔1100~1900米的山坡林下。

用途及价值 观赏性植物。

开口箭 (*Tupistra chinensis*)

百合科

别名:竹根七

形态特征 根状茎粗壮。叶基生,彼此套迭,排成两列。花茎从叶丛中抽出,直立,高5厘米。穗状花序,密集。顶端苞片无花。花被呈钟形,六分裂,黄色或黄绿色。浆果呈球形,成熟时为紫红色。

分布 多见于林下阴湿处、河边或路旁。

用途及价值 根、茎可入药,具有清热泻火的功效。有毒。

百合科

吉祥草（*Reineckia carnea*）
百合科

形态特征 根状茎匍匐贴地，分节，节处生根。叶簇生或在匍匐茎先端簇生。花茎高5～15厘米。花芳香，粉红色。花被片合生，六分裂，开花时反卷。浆果为红色。

分布 常见于秦岭南坡阴湿沟谷或林缘地带。

用途及价值 全草可入药，具有补肾壮筋、清热润肺、活血止痛的功效。

玉竹 (*Polygonatum odoratum*)
百合科

形态特征 根状茎肉质，圆柱形，节痕明显。茎高20~50厘米，光滑。花序具1~4朵花，着生于叶腋，排成两列，下垂。花被筒为黄绿色至白色。浆果呈球形，成熟时为蓝黑色。

分布 生长于秦岭海拔800~2000米的山坡或灌丛。

用途及价值 观赏性植物。根状茎可用于治疗毒蛇咬伤（民间）。

黄精 (*Polygonatum sibircum*)

百合科
别名：老虎姜

形态特征 根状茎肉质，横走，淡黄色，先端有时突出似鸡头。茎直立，高50~90厘米，光滑。叶常4枚轮生，先端弯曲或拳卷。花梗分枝，每个分枝常有2朵小花。花腋生，略弯曲，白色。浆果呈球形，成熟后为黑色。

分布 常见于秦岭林下或灌丛。

用途及价值 根状茎可入药。

鹿药（*Smilacina japonica*）
百合科

形态特征 植株高可达40厘米。茎单生，直立，上部向外倾斜，中部以上密生粗毛。叶互生。圆锥花序，具10~20朵花，集中在茎上部。花型小，白色。果实初期为绿色，成熟后为红色或淡黄色。

分布 常见于秦岭林下腐殖土较厚的阴湿处。

用途及价值 根茎及根可入药。

万寿竹 (*Disporum cantoniense*)

百合科

别名：山竹花、竹叶参

形态特征 茎光滑，高50～120厘米。花序具3～8朵花，与叶对生，具有3～10毫米的总花梗。花白色或紫红色，下垂，花被片6，离生，先端尖。果实为黑色。

分布 常见于秦岭海拔1000～2200米的山坡林下。

用途及价值 根及根状茎药用，能滋阴补虚、祛风湿。

延龄草 (*Trillium tschonoskii*)

百合科

别名：头顶一颗珠

形态特征 多年生草本植物。植株高15～50厘米。根状茎短粗。茎单一、直立。叶近无柄，3枚轮生于茎顶端，菱状圆形或扁圆形。花仅1朵，自叶腋抽出位于中央，白色。果实较大，为黑色。

分布 生长在秦岭海拔1300～2200米的山坡林下。

用途及价值 根及根状茎可入药，具有止血、镇痛、消肿的功效。可以治疗毒蛇咬伤。

百合科

七叶一枝花（*Paris polyphylla*）

百合科
别名：重楼

形态特征 叶通常有5～13枚，轮生于茎顶端。花单生于叶轮中央，花梗似为茎的延续，长达10厘米。花被片离生，不脱落，外轮叶状、绿色，内轮条形、黄绿色，每轮3～10枚。果实为绿色，种子为红色。

分布 多生长在山坡林下或河谷阴湿处。

用途及价值 根状茎可入药，具有清热解毒、消肿散结的功效，可治毒蛇咬伤。现在野外采集较多，应该保护野生种质资源。

太白贝母（*Fritillaria taipaiensis*）
百合科

形态特征 鳞茎呈扁球形，鳞片2枚。茎高30～40厘米，光滑，中部以上生叶。叶着生方式多样，通常对生。茎各处叶数不等，花下常有3枚轮生叶。花被呈钟状，黄绿色，上部边缘有紫色斑带。

分布 生长在秦岭海拔2000～3150米的山坡草丛。

用途及价值 鳞茎可入药，具有润肺止咳的功效。

假百合 (*Notholirion bulbuliferum*)

百合科
别名：太白米

形态特征 小苗似玉米苗。小鳞茎多而小，卵圆形，有8条纵棱，未成熟时为白色，成熟后变为褐色，咀嚼有辛辣味。茎粗大，高可达120厘米。多数茎生叶。总状花序，顶生。花多，为淡紫色或蓝紫色。

分布 生长在秦岭海拔2700~3500米的高山灌丛、草甸中。

用途及价值 小鳞茎可入药。微毒。野生资源需要保护。

云南大百合

(*Lilium giganteum* var. *yunnanteum*)

百合科
别名:水百合

形态特征 茎直立,中空,高可达1.5米,直径2~3厘米。叶呈卵圆形,长15~20厘米,宽20厘米,具长叶柄。总状花序,花数朵。花狭喇叭形,花被为乳白色,中间带紫红色。

分布 在秦岭较常见,生长在山坡林下腐殖土较厚处。

用途及价值 观赏性植物。

百合 (*Lilium brownii* var. *viridulum*)

百合科
别名：野百合

形态特征 鳞茎呈球形，直径约5厘米，白色。茎直立，平滑无毛。叶多数，互生，自下向上渐狭。花大，单朵至几朵排于茎顶，漏斗形，多为乳白色、外略带紫色，无斑点，有香味。

分布 常见于山坡灌丛中及溪流旁。

用途及价值 鳞茎中淀粉含量高，可食用。重要的经济植物。野生资源需要保护。

卷丹 (*Lilium lancifolium*)
百合科
别名：药百合

形态特征 鳞茎呈球形，白色。茎直立，高1.2~1.5米，坚硬，有棱纹，茎为深紫色，被白色绵毛。叶互生，无柄，光亮。上部叶腋通常有珠芽，珠芽球形，黑色。花被片6，披针形，反卷，橙红色，密生黑色斑点。

分布 常见于河边较向阳的石隙中。

用途及价值 鳞茎可食用。观赏性植物。

细叶百合 (*Lilium pumilum*)

百合科
别名：山丹丹

形态特征 茎高50~100厘米，无毛或微被乳突状刺毛。叶互生，无柄，狭长。花单朵或数朵聚为总状花序，下垂。花被片6，鲜红色，通常无斑点，向外反卷。

分布 常见于秦岭海拔800~2000米的山坡草地或林缘。

用途及价值 鳞茎富含淀粉，可食用。观赏性植物。

茖韭 (*Allium victorialis*)
百合科
别名：棕包头

形态特征 须根多而发达。鳞茎外被残存的网状黑色叶鞘。叶基生，卵圆形，1～2枚，揉碎时有浓烈的韭菜味。花茎直立，高30～50厘米。伞形花序，球形。花被6，白色或淡紫色。

分布 广布于秦岭海拔1700～2400米的阴湿林下或岩石上。

用途及价值 全草可供药用。叶早春时可食用。

天蓝韭（*Allium cyaneum*）
百合科

形态特征 鳞茎聚生，外被残存纤维状的褐色叶鞘。叶基生，线形，揉碎时有韭菜味。花茎直立，具条棱，高15~25厘米。伞形花序，多数呈半球形，花被为天蓝色。

分布 生长在秦岭海拔3000米以上的高山草甸。

用途及价值 植株幼嫩时可食用。

忽地笑（*Lycoris aurea*）

石蒜科
别名：龙爪花

形态特征 叶基生，线形，灰绿色，长可达60厘米。花4～8朵，排成伞形花序。花被裂片反卷、皱缩，金黄色，雄蕊明显伸出于花被外，无香味。

分布 常见于秦岭南坡1500米以下的阴湿山坡。

用途及价值 观赏性植物。有毒。

石蒜 (*Lycoris radiata*)

石蒜科
别名:彼岸花、曼珠沙华、老鸦蒜

形态特征 叶基生,丛生,开花后发出,线形,粉绿色。花叶不同期生长。花茎先叶抽出,高20~40厘米。伞形花序,4~6朵花,花被为鲜红色,裂片边缘反卷、皱缩,雄蕊明显伸出于花被外。

分布 常见于秦岭山坡灌丛中。

用途及价值 根及鳞茎可入药,有催吐作用。花有毒。具有文化价值。花叶相错,永不相见,故又称"彼岸花"。

穿龙薯蓣（*Dioscorea nipponica*）
薯蓣科

形态特征 缠绕草本植物。茎具沟纹。叶互生，广卵形或卵状三角形，叶缘全缘或具3～5个浅裂。花单性，小而不明显，雌雄异株，均为穗状花序。蒴果呈三棱形，每棱翅状。

分布 常见于秦岭山坡灌丛中。

用途及价值 块茎可入药，可提取薯蓣皂素。

射干 (*Belamcanda chinensis*)

鸢尾科

形态特征 根状茎匍匐。茎直立，单一，高40~90厘米。叶互生，无柄，嵌迭状排列，剑形。聚伞花序，顶生。花被为橙红色，散生红色斑点。花中央的长棒状花柱单一，上部稍扁。种子为黑色，有光泽。

分布 常见于秦岭低山山坡草地、沟谷、滩地、田埂。

用途及价值 根状茎可入药，具有清热解毒、消肿止痛的功效。

鸢尾（*Iris tectorum*）

鸢尾科
别名：老鸹扇、青蛙七

形态特征 茎直立，高45～48厘米。叶基生，相互套迭，排成两列，呈宽剑形。花葶（地上无茎植物从地表抽出的无叶花序梗，形似花茎而非花茎）与叶几乎等长，每枝1～3朵花。花被片6，为蓝紫色，两轮排列，外轮花被中央有鸡冠状白色附属裂片。

分布 常见于秦岭海拔800～1800米的灌木林缘，常成片生长。

用途及价值 根状茎可入药。观赏性植物。

扇脉杓兰（*Cypripedium japonicum*）

兰科

别名：兰花双叶草、扇子七

形态特征 茎直立，密被长柔毛。叶着生于茎，2枚，近对生，具扇形脉。花瓣为淡黄绿色，基部有紫色斑点，斜披针形。唇瓣下垂，囊状，近椭圆形或倒卵形，为淡紫白色，有淡红色斑晕。

分布 常见于秦岭南坡海拔1300～1600米的林缘或路旁。

用途及价值 全草可入药。野生资源较少，需要保护。

毛杓兰 (*Cypripedium franchetii*)

兰科
别名：牛卵子花

形态特征 植株高20～35厘米，通常密被长柔毛。叶3～5枚，互生，基部抱茎，具弧形平行脉。花单生。花瓣呈披针形，淡紫红色，有深色脉纹。唇瓣呈深囊状，椭圆形或近球形。

分布 广布于秦岭海拔1500～2800米的山坡草丛或林下。

用途及价值 观赏性植物。野生资源较少，需要保护。

凹舌兰（*Coeloglossum viride*）
兰科
别名：手儿参

形态特征 植株高25～45厘米。茎基部被2～3枚筒状鞘，中部以上具3～5枚叶，互生。总状花序，花为绿黄色或绿棕色，绿色苞片明显长于花。唇瓣下垂，肉质，中央有一条短的纵褶片，前部三裂。

分布 广布于秦岭海拔1300～2800米的林缘或湿地。

用途及价值 块茎可入药。

手参 (*Gymnadenia conopsea*)

兰科
别名:手掌参

形态特征 植株高20~60厘米。块茎呈椭圆形,长1~3.5厘米,掌状浅裂。叶4~5枚,线状披针形、狭长圆形或带形,叶基部鞘状抱茎。总状花序,具多数密生小花,粉红色。唇瓣向前伸展,三裂。苞片呈披针形,略长于花。

分布 常见于秦岭海拔2000~2800米的山坡草地。

用途及价值 块茎可入药。

大叶火烧兰 (*Epipactis mairei*)

兰科

别名：黑搜山虎，牌楼七

形态特征 植株高可达60厘米。茎直立或斜生。叶7~8枚，互生，基部鞘状抱茎。总状花序，具10~20余朵花，花为黄绿带紫红色，下垂，较小。唇瓣分上、下唇，下唇瓣近于蝙蝠形，两侧各具10条横纹。苞片为绿色，与花等长。

分布 常见于秦岭海拔1400~2700米的山坡草丛。

用途及价值 根可入药，具有理气活血、消肿解毒的功效。

黄花白及 (*Bletilla ochracea*) 🌱🌱

兰科
别名：狭叶白及

形态特征 植株高25～50厘米，假鳞茎，块状。叶3～5枚，舌状披针形。总状花序，具3～8朵花，花序轴呈"之"字状弯曲，花为白色或淡黄色。苞片于开花时凋落。

分布 常见于秦岭南坡，生长在海拔300～1300米的山坡草丛或林下。

用途及价值 假鳞茎可入药。

白芨 (*Bletilla striata*)
兰科

形态特征 植株高18～60厘米。假鳞茎，块状。叶3～6枚。总状花序，具3～10朵花，花序轴呈"之"字状弯曲，花为紫红色。唇瓣在中部以上三裂。

分布 仅见于秦岭南坡海拔1000～1500米的山坡草丛或林下。

用途及价值 重点药用植物。

绶（shòu）草 （*Spiranthes sinensis*）

兰科
别名：扭扭兰

形态特征 植株高10~30厘米。茎较短，基部有2~5枚叶。总状花序，具多数密生的小花，螺旋状着生于花序轴。花为紫红色、粉红色或白色。唇瓣基部凹陷，呈囊状。

分布 常见于秦岭河沟平地或荒地中。

用途及价值 全草可入药。

独蒜兰（*Pleione bulbocodioides*）

兰科
别名：石仙桃

形态特征 假鳞茎，形如蒜头。叶常1枚，于开花时伸出。花茎直立，顶生1朵花，紫红色，较大。唇瓣上部边缘呈撕裂状。

分布 生长在秦岭海拔1400～1800米阴湿且有厚实苔藓的岩石上。

用途及价值 假鳞茎可入药。

三棱虾脊兰（*Calanthe tricarinata*）

兰科
别名：三肋虾脊兰

形态特征 植株高可达30厘米。叶呈椭圆形，薄纸质，具4～5条两面隆起的主脉，叶基部逐渐狭窄并下延，相互迭抱。总状花序。苞片呈三角状，远短于子房。唇瓣三裂，红褐色，中间裂片近圆形，具3条肉质褶片。

分布 常见于秦岭海拔1300～2000米的山脊和沟谷林缘。

用途及价值 观赏性植物。

兰科

杜鹃兰（*Cremastra appendiculata*）

兰科
别名：大白芨

形态特征 假鳞茎，卵形或近球形。叶1枚，常绿，狭椭圆形或近椭圆形，革质，较厚，无毛，贴地面生长。总状花序，花为黄色，下垂，不完全开放。唇瓣为紫红色。有香气。

分布 常见于阴湿、稀疏的林下。

用途及价值 假鳞茎可入药。

蕙兰（*Cymbidium faberi*）🌱🌱
兰科
别名：九子兰、九节兰

形态特征 叶基生，5～8枚，带形，较宽，基部对折成"V"形，边缘有粗锯齿。花葶直立，高于叶。总状花序，具6～12朵花，浅黄绿色。苞片线状披针形，最下面1枚长于子房，向上渐短。唇瓣有紫红色斑。香气浓郁。

分布 常见于秦岭南坡海拔600～1000米的松栎林下，多生长在向阳坡面。

用途及价值 著名的观赏性植物。

兰科

秦岭常见植物识别手册

春兰（*Cymbidium goeringii*）🌱🌱
兰科
别名：兰草花、草兰、朵朵香

形态特征 叶4～6枚，丛生，带形，通常较短小，边缘无齿或具细锯齿。花葶直立，短于叶。花常为1朵，绿色或浅黄色，有紫褐色脉纹。唇瓣比花瓣小，近卵形。幽香。

分布 常见于秦岭南坡海拔600～1000米的松栎林下，多生长于向阳坡面。

用途及价值 著名的观赏性植物。

蕺(jí)菜 (*Houttuynia cordata*)

三白草科

别名：鱼腥草、狗腥草、蕺儿根

形态特征 植株有鱼腥气味。根状茎细弱，扭曲，白色，节明显，易折断。茎单生，高30～50厘米，幼嫩时为紫红色。叶全缘，心形。穗状花序，顶生。花序下总苞为白色，4枚，花序和总苞看似一朵花。

分布 秦岭南北坡均有分布，生长在海拔400～1880米的山谷湿地、阴湿林下、水沟边及田埂。

用途及价值 全草可入药，具有散热、消肿、解毒、止咳、克食、利尿的功效。也可做农药。幼嫩时可食用。

银线草（*Chloranthus japonicus*）

金粟兰科
别名：四块瓦、四大金刚、拐拐细辛、四大天王、白毛七

形态特征 植株高20～40厘米，无毛。根状茎多节，横走，分枝，有香气。茎直立，单生或数枚丛生。叶4枚，簇生茎顶，呈轮生状。穗状花序单一，顶生。花为白色，无梗。

分布 多分布于秦岭海拔1300～2300米的山坡及沟谷腐殖土层厚且阴湿的林下。

用途及价值 全草可入药，也可做农药。

冬瓜杨（*Populus purdomii*）

杨柳科

别名：太白杨、大叶杨、旱冬瓜、水冬瓜

形态特征 乔木，高可达30米。树皮为灰白色，条状龟裂，小枝呈圆柱形，光滑。叶较大，卵形，边缘有齿，互生。柔荑花序，下垂。花单性，先叶开放。果序长达13厘米，无毛。

分布 生长在秦岭海拔700～2300米的沟谷或山坡下部。

用途及价值 用材树种。树皮在山区常做窝棚顶，经久耐用。

川杨（*Populus szechuanica*）
杨柳科

形态特征 乔木，高可达40米。幼枝有棱，粗壮，淡紫色。老枝为淡黄褐色，后变灰色。幼叶为红色，叶互生，边缘有齿。柔荑花序，下垂。花单性，先叶开放。果序长10～20厘米。

分布 较常见于秦岭海拔1100～2800米的河道边。

用途及价值 用材树种及行道树树种。

旱柳 (*Salix matsudana*)

杨柳科
别名：柳树、柳

形态特征 乔木，高可达18米。树干挺拔直立。树皮粗糙，暗灰黑色。枝细长，直立或斜展，幼时为黄绿色，后变为棕褐色，幼枝有毛。叶披针形。花先叶开放。雄花序直立，雄蕊黄绿色，2枚。

分布 秦岭浅山多栽培。野生种多分布在海拔1000～1800米的河谷林缘地带。

用途及价值 多用于建筑、造纸、造火药。枝条可编筐。行道树树种。

中国黄花柳（*Salix sinica*）
杨柳科

形态特征 灌木或小乔木，高可达9米。树皮为暗灰色，有条纹。小枝幼时为黄绿色，有细毛。叶长4~13厘米，宽2~4厘米，鲜叶明显皱缩。花先叶开放。雄花序直立，具长毛，花药为黄色。

分布 生长在秦岭海拔600~2400米的山坡林边和山脊。

用途及价值 森林群落演替的先锋树种。用材树种。

化香树（*Platycarya strobilacea*）

胡桃科
别名：焕香树、化香柳

形态特征 小乔木。高2~20米。树皮为黑褐色，纵裂。叶互生，奇数羽状复叶，小叶7~15枚，边缘有重锯齿。花单性，雌、雄花序均为柔荑花序，直立，雄花序长于雌花序。果序呈球果状，暗褐色。果实经久不落。

分布 生长在秦岭南坡海拔2000米以下的山坡灌丛。

用途及价值 根皮、树皮、叶可提取栲胶。叶可入药，也可做农药。果序可做黑色颜料。

野核桃 (*Juglans cathayensis*)

胡桃科
别名：山核桃、麻核桃

形态特征 乔木，高12～25米，树皮为灰褐色，具纵沟纹。奇数羽状复叶，互生，长达50厘米，小叶9～17枚。花雌雄同株，雄花为柔荑花序、下垂，雌花排成直立的总状花序。果序常有5～10个果实。幼枝、叶柄和果实均密被黄褐色腺毛，手触摸感觉很粘手。

分布 生长在秦岭海拔800～2000米的山谷或山坡土壤肥厚、湿润处。

用途及价值 树皮可提取栲胶；内皮可药用，具有驱虫、清肠和滋补的功效。种子可食用，也可榨油以供制作肥皂等。

枫杨（*Pterocarya stenoptera*）

胡桃科
别名：麻柳树

形态特征 乔木，高可达25米。树皮幼时为褐色、平滑，后为暗褐色、纵裂。冬芽裸露，褐色（冬季很醒目）。奇数羽状复叶，长达40厘米。花雌雄同株，均为柔荑花序，下垂。果实有两翅，翅向两侧伸展。许多果实在轴上排成一串果序，果序较长，下垂。

分布 生长在秦岭南坡海拔400~1500米的河谷两旁。

用途及价值 树皮和根皮可供药用，具有除风祛湿、解毒杀虫的功效。

白桦 (*Betula platyphylla*)
桦木科
别名：白桦胶树

形态特征 乔木，高可达25米。树皮为白色，平滑，薄纸片状成层剥裂。叶呈卵状三角形或近菱形，边缘具重锯齿。花单性，雌雄同株。果序呈圆柱形，生于叶腋，下垂。果实有膜质翅。

分布 生长在秦岭海拔1000～2300米的山脊或山坡。

用途及价值 树皮可用于治疗外伤及各种斑疹。干树皮具有利尿的功效，提取物具有防腐的性能。叶可提取颜料。

红桦 (*Betula albo-sinensis*)

桦木科
别名：纸皮桦

形态特征 乔木，高可达30米。树皮为淡红褐色或紫红色，有光泽，薄纸片状剥裂。小枝紫红色。叶呈卵形或卵状长圆形。果序呈圆柱形，单生或同时具有2~4枚排成总状。

分布 常见于秦岭海拔1900米以上。有纯林。

用途及价值 树皮可做雨帽及其他包装用，也含桦油。优良用材树种。

藏刺榛（*Corylus ferox* var. *thibetica*）

桦木科
别名：刺榛

形态特征 小乔木，高可达10米。叶呈宽卵形或倒卵形，边缘有重锯齿。花单性，雌雄同株。雌花序呈球状，外有多数总苞变态形成的苞鳞。苞鳞在果期为果鳞，包裹果实，两者共同组成针刺状球体（刺状苞）。刺状苞未成熟时为红色。

分布 常见于秦岭海拔1700～2500米的沟谷或山坡林缘。

用途及价值 种子含淀粉，可食用，也可榨油以供制作肥皂、蜡烛及化妆品。

榛（*Corylus heterophylla*）

桦木科
别名：榛子

形态特征 灌木，高1～7米。叶呈宽卵形，叶顶端尖，边缘有重锯齿。雄花序2～3个簇生。果实单生或簇生成头状，外有宿存的苞片。苞片呈叶状或钟形，顶端分裂。

分布 常见于秦岭海拔700～2300米的山坡或多石沟谷。

用途及价值 种子含淀粉，可食用，也可榨油。

千金榆 (*Carpinus cordata*)

桦木科

别名：穗子榆、麦稍子

形态特征 乔木，高可达15米。单叶互生，边缘有重锯齿。叶脉呈羽状，具15～20对侧脉。果序长，下垂，外被苞片，逐级紧密覆盖如屋瓦，形成粗穗状。

分布 生长在秦岭海拔1500～2000米的山坡或河谷。

用途及价值 木材可做家具。种子可榨油以供制作肥皂等。

茅栗 (*Castanea seguinii*)

壳（qiào）斗科

别名：野板栗、野栗子

形态特征 小乔木或灌木。叶呈倒卵状椭圆形，叶缘有粗锯齿。雌花序下包被有由总苞片变态而成的壳斗，壳斗外密生锐刺，成熟时四裂。

分布 常见于秦岭海拔700～1700米的向阳山坡或开阔沟谷。

用途及价值 果实含淀粉60%～70%，可提取淀粉。果苞和树皮可提取栲胶。

壳斗科

秦岭常见植物识别手册

槲(hú)栎 (*Quercus aliena*)
壳斗科
别名：锐齿栎、青冈树

形态特征 落叶乔木。叶型较大，呈倒卵状椭圆形，边缘有波状钝齿。雌花序下包被有由总苞片变态而成的壳斗，壳斗呈浅杯状，外密生鳞片，逐级屋瓦状排列。

分布 生长于秦岭海拔700~2000米的山坡。

用途及价值 秦岭建群树种。种子可酿酒和制作凉粉。树皮和壳斗可提取栲胶。

短柄枹栎 (*Quercus serrata* var. *brevipetiolata*)

壳斗科

别名：小橡子树、小叶枹、小叶青冈

形态特征 落叶乔木。叶呈长圆状倒披针形至卵状披针形，长5~10厘米，边缘具有内弯浅锯齿。壳斗呈浅杯状，包被果实近1/3。

分布 常见于秦岭南坡海拔1500米以下的山坡或开阔山沟。

用途及价值 果实含淀粉，可作酿造原料。果苞和树皮可提取栲胶。

壳斗科

栓皮栎（*Quercus variabilis*）
壳斗科
别名：耳子树、花栎木、粗皮栎

形态特征 落叶乔木，高可达20米。叶呈卵状披针形或长椭圆形，长8～12厘米，边缘具刺芒状细锯齿。雄花序穗状。壳斗杯状，外密生钻形结构，包被果实2/3。

分布 生长在秦岭海拔500～1800米的向阳山坡。成纯林。

用途及价值 树干可培植木耳和香菇。栓皮可制作软木产品。叶可饲养柞蚕。壳斗可提取栲胶。种子可酿酒。

大果榆 (*Ulmus macrocarpa*)

榆科
别名：毛榆、黄榆

形态特征 乔木，高可达20米。树皮不规则纵裂，粗糙。幼枝具有发达的木栓质翅。叶互生，2列，羽状脉，具平行脉序6～16对，脉序下凹，叶基部不对称。果实有翅，像榆钱。

分布 生长在秦岭南北坡海拔1000～1600米的山坡或沟谷。

用途及价值 树皮可造纸。木材可制作器具。果实可入药，具有驱虫、祛痰、利尿的功效。

榆科

秦岭常见植物识别手册

青檀 (*Pteroceltis tatarinowii*) 🌱🌱

榆科
别名：摇钱树、檀树

形态特征 乔木，高可达20米。叶呈卵形或卵状椭圆形，长3～9厘米，基部不对称，基脉从叶柄先端发出3条脉入叶。翅果状坚果近圆形，两端内凹。果梗细。

分布 生长在秦岭海拔480～1500米的山谷旁或岩石附近。

用途及价值 树皮是制造宣纸的优质原料。野生大树数量极少。

异叶榕（*Ficus heteromorpha*）

桑科
别名：异叶天仙果、野枇杷、斑鸠树、肺痈草

形态特征 落叶灌木，高1~5米，通体具白色乳汁。叶形状较多，互生。叶柄为红色。花托呈球形、肉质、中空，外壁光滑，小花着生于内壁。小花和花托组成隐头花序，似果实，单个或成对着生于当年生枝上，成熟时为紫色或紫黑色。

分布 常见于秦岭海拔500~1800米的山坡、路旁或沟边灌丛。

用途及价值 根可入药。树皮可造纸。叶可做饲料。果实成熟后可食用。

桑科

柘 (zhè) (*Cudrania tricuspidata*)
桑科
别名：柘树、文章树

形态特征 落叶灌木或小乔木。树皮为灰褐色，不规则片状剥落，枝条常具刺。叶互生，近革质。雌、雄花序均为头状花序。果实由许多单花成果集合而成（即聚花果），类似桑葚果，近球形，肉质，红色。

分布 常见于秦岭海拔400～1500米的山坡、路旁及村庄旁。

用途及价值 根皮可入药。树皮可造纸。果实可生食或酿酒。

葎草（*Humulus scandens*）

桑科

别名：葛麻藤、降龙草、拉拉藤

形态特征 缠绕草本植物。茎、枝、叶柄均具倒钩刺，手触有刺痛感。叶为掌状，五至七裂，基部心形，表面粗糙。雄花序呈圆锥形，雌花序为球果状。苞片屋瓦状排列，结果时苞片增大，变成球果状。雌花腋生。

分布 常见于秦岭海拔500~1500米的山坡、路旁、荒地及住宅附近。

用途及价值 全草可入药。茎可制造人造麻。

红火麻 (*Girardinia suborbiculata* subsp. *triloba*)

荨麻科

别名：大蝎子草、蕾麻、火麻

形态特征 多年生草本植物。全株伏生螫毛，被刺后痛感强烈，会起水泡。叶呈宽卵形或扁圆形，互生，在中部三裂，中央裂片较长，边缘具齿。茎、叶柄和下面的叶脉常带紫红色。穗状花序，腋生。

分布 较常见于秦岭海拔500～1400米的林下湿地或沟旁草丛。

用途及价值 茎纤维可做绳索。种子可榨油以供制作肥皂等。

苎麻 (*Boehmeria nivea*)

荨麻科
别名:野苎麻、天青地白、箍骨散

形态特征 丛生小灌木。小枝和叶柄密生长硬毛和短糙毛。叶互生,革质,卵形或卵圆形,边缘有齿。叶表面粗糙、散生粗硬毛,背面密被白色绵毛。雌花序呈球形,再组成长圆锥花序。

分布 常见于秦岭海拔300~1800米的荒地、路旁。

用途及价值 茎皮纤维是纺织工业的重要原料。根、叶可入药。叶外敷可治疗蛇虫咬伤。

赤麻（*Boehmeria silvestris*）

荨麻科

别名：野苎麻、线麻、火麻

形态特征 多年生草本植物，高60～100厘米。茎为红褐色。叶对生，同一对叶不等大或近等大，顶端常三尖裂，中间裂片延长成长尾状，边缘有粗锯齿。穗状花序，腋生。

分布 常见于秦岭海拔900～1500米的山谷林下阴湿处或山坡路旁。

用途及价值 茎皮纤维可制作麻布和绳索。

异叶马兜铃

(*Aristolochia kaempferi* f. *heterophylla*)

马兜铃科

别名:汉中防己、青木香

形态特征 木质缠绕藤本植物。茎多分枝。叶呈卵圆形或卵状心形。花单生叶腋。花管为烟斗状,顶端展开,边缘三裂。花被外面为黄色。果实呈长圆柱形,具6棱。

分布 常见于秦岭南坡海拔1000~1500米的山坡灌丛及地边路旁。

用途及价值 根可入药。

马兜铃科

单叶细辛（*Asarum himalaicum*）
马兜铃科
别名：毛细辛、拐拐细辛

形态特征 多年生草本植物。叶仅1枚，呈心形，两面均散生白色柔毛。叶柄有毛。花呈钟状，深紫红色，贴近地面着生。

分布 常见于秦岭海拔2000～3000米的林下或悬崖下的腐殖土深厚处。

用途及价值 全草可入药，具有发表散寒、镇咳、止痛、祛痰的功效。有微毒。

细辛 (*Asarum sieboldii*)

马兜铃科

别名：华细辛、白细辛

形态特征 根状茎斜向上伸。叶常2枚，心形，叶面疏生短毛。叶柄无毛。花为紫红色，单生叶腋，贴近地面着生。

分布 生长在秦岭海拔1000～2000米的山坡林下或宽阔沟谷林下。

用途及价值 全草可入药，具有发表散寒、温肺祛痰、祛风止痛的功效。

酸模（*Rumex acetosa*）

蓼科

别名：醋缸、牛舌条、遏蓝菜

形态特征 多年生草本植物。茎直立，单生，中空，表面有沟纹，无毛。叶有基生叶和茎生叶两种。基生叶具长柄；茎生叶狭小，无柄或短柄，且抱茎。茎上着生叶的节部具有干膜质的鞘状结构，易破裂，斜生。花序呈狭圆锥形，顶生。

分布 生长在秦岭海拔3000米以下的潮湿山沟、林缘和草地。

用途及价值 全草可入药。

短毛金线草

(*Antenoron filiforme* var. *neofiliforme*)

蓼科
别名：鸡血七、猪蓼子、蓼子七

形态特征 多年生草本植物。茎直立，细长，不分枝或上部分枝，带有红色。花序顶生，狭细，长20～40厘米，花稀疏排列。果实小，卵状扁圆形，有光泽。

分布 生长在秦岭海拔700～2000米的潮湿处。

用途及价值 根可入药，具有散瘀、止血、解毒、理气、止痛的功效。

红蓼（*Polygonum orientale*）

蓼科

别名：荭草、东方蓼

形态特征 一年生草本植物，高1～2米。茎多分枝，被柔毛，节部有膜质鞘抱茎，顶端有环状绿色的翅。叶互生，卵状披针形。花序紧密，长圆柱形。花小，密集，为红色、粉红色或白色。

分布 生长在秦岭南北坡的路旁、河滩和积水处。

用途及价值 全草可入药。果实能解毒、明目。花能散血、止痛、消食，治头疼耳鸣。根能祛风湿、活血散瘀。

何首乌 (*Fallopia multiflorum*)
蓼科
别名：田猪头

形态特征 多年生草本植物。根细，先端具膨大块根，断面为黄褐色。茎缠绕，中空。叶互生，卵形或三角状卵形，全缘。圆锥花序，顶生。花繁多，为白色或淡绿色，没香味。

分布 常见于秦岭海拔400～2000米的多石山坡路旁及村庄旁。

用途及价值 全草可入药。块根具有滋养、强壮的功效，能补髓、生血，治疗老年血管硬化。藤又称"夜交藤"，可养血安神。

杠板归 (*Polygonum perfoliatum*)

蓼科

别名：刺藜头、贯叶蓼、长虫草、
蛇不过、蛇倒退、降龙草

形态特征 一年生攀援草本植物。茎呈四棱形，暗红色，沿棱有倒钩刺。节部有绿色小叶状结构，贯穿于茎。叶呈正三角形。花序短穗状，2～4朵花，为白色或粉红色。果实呈球形，蓝色或黑色。

分布 常见于秦岭海拔700～1300米沟岸及路旁。

用途及价值 全草可入药，具有止痛、消肿、杀虫、清热解毒的功效，可治蛇虫咬伤。

藜（*Chenopodium album*）

藜科
别名：灰菜、灰灰条

形态特征 一年生草本植物。茎具沟槽，有绿色或紫红色条纹。叶互生，嫩叶上常有紫红色粉。花小，簇生，为黄绿色。

分布 常见于村庄周围、田间、园圃。

用途及价值 嫩叶可食用，有微毒，不宜多食。

牛膝（*Achyranthes bidentata*）
苋科
别名：牛磕膝盖、牛磕膝、怀牛膝

形态特征 多年生草本植物。茎直立，四方形，节膨大，暗紫色，具对生小枝。叶对生。穗状花序，顶生或腋生，绿色。果实呈椭圆状，长2毫米。

分布 常见于秦岭海拔500～1300米的阴湿路旁或河岸。

用途及价值 根可入药，具有破血通经、利尿、强精、补肝肾的功效。

青葙 (*Celosia argentea*)
苋科
别名：野鸡冠花

形态特征 一年生草本植物。茎有条纹，无毛。叶互生，披针形或椭圆状披针形。穗状花序，圆柱形，顶生，长3～10厘米，为粉红色。

分布 常见于秦岭南坡海拔250～1200米的荒地、河滩及路旁。

用途及价值 全草可入药。种子入药叫作"青葙子"，具有散风热、明耳目、杀虫、坚筋骨的功效。嫩茎叶可作野菜食用。

商陆(*Phytolacca acinosa*)

商陆科
别名：山萝卜

形态特征 多年生草本植物，全株无毛。根肥厚，圆锥形。茎直立，紫红色。总状花序，直立，顶生或与叶对生，密生多花，花为白色，后期变为粉红色。果实呈球形，成熟时为紫黑色。

分布 秦岭分布广，常见于阴湿沟谷、林缘或路旁。

用途及价值 根可入药，具有逐水、利尿、消肿的功效。有毒。

马齿苋 (*Portulaca oleracea*)

马齿苋科
别名：蚂蚱菜、马齿菜、瓜米菜

形态特征 一年生肉质草本植物，全株平滑无毛，铺散生长。茎平卧或斜升。叶肥厚、多汁。花小，黄色，3～5朵簇生枝端，午时盛开。果实呈卵球形，长5毫米。

分布 广布于秦岭地区的村庄周围、农田、路旁。喜土壤肥沃，耐旱、耐涝，生命力强。

用途及价值 全草可入药，具有清热解毒、消炎、止渴、利尿的功效。也可食用。

石竹科

坚硬女娄菜（*Silene firma*）

石竹科
别名：粗壮女娄菜

形态特征　一年生草本植物。全株密被灰色短柔毛。茎单生或仅2～3枝丛生，粗壮，高50～150厘米。总状花序，顶生及腋生。花萼合生，钟形，囊状，口张开，花萼外具10条紫色或绿色脉纹。

分布　常见于秦岭海拔500～2000米的山坡草地、林缘或山谷湿地。

用途及价值　民间做药用。

狗筋蔓（*Cucubalus baccifer*）

石竹科
别名：鸡肠子草

形态特征 草本植物。茎铺散，多分枝，具垢状白毛。圆锥花序。花萼呈宽钟形，后期膨大。花瓣呈线状匙形，先端两裂，白色。花中央有一圆球形绿色雌蕊。果实呈球形，黑色。

分布 常见于秦岭海拔900～2800米的山坡灌丛、林缘或沟边草地。

用途及价值 全草可入药，具有驱风、接筋骨、活血的功效。

领春木 (*Euptelea pleiosperma*)

领春木科
别名:少子云叶

形态特征 乔木,高2~15米。小枝暗灰色,皮孔明显。叶呈椭圆形或近圆形,长5~15厘米,宽4~8厘米。雄蕊花丝细,花药为红色。翅果歪斜如斧,具细长梗。

分布 生长在秦岭海拔1000~2000米山坡或沟谷旁。

用途及价值 做农具柄用。

川赤芍（*Paeonia veitchii*）

毛茛科
别名：红芍、赤芍

形态特征 多年生草本植物，高40～60厘米。叶二回三出复叶。小叶纸质，羽状分裂。花型较大，2～3朵，着生于茎顶，紫红色或粉红色，花中央的雌蕊密被黄色绒毛。

分布 常见于秦岭海拔2200～2900米的林下阴湿处或草坡上。

用途及价值 根可入药，具有活血通经、凉血散瘀、清热解毒的功效。

铁筷子（*Helleborus thibetanus*）

毛茛科

别名：黑毛七、小山桃儿七、九百棒、见春花、九龙丹

形态特征 多年生草本植物，全株无毛。茎直立，高30~50厘米。叶基生，1~2枚，有长柄，鸟足状3全裂。花单生或2朵着生于顶端。花萼粉红色，似花瓣。花期早，晚冬到早春开。蓇葖果开裂。

分布 常见于秦岭海拔1100~3100米的山坡林下腐殖土肥厚处。

用途及价值 根可入药，具有清热解毒、止痛、散瘀的功效。有毒。

华北耧斗菜（*Aquilegia yabeana*）

毛茛科

形态特征 多年生草本植物，株高50～100厘米。基生叶为二至三次分枝，三出复叶。花萼、花瓣均为紫色。花瓣5枚，下部膨大、下延，并内弯成为钩状的距。

分布 常见于秦岭南北坡海拔1000～2200米的山坡灌丛和沟谷荒地。

用途及价值 种子可榨油。可供园林绿化。

升麻（*Cimicifuga foetida*）

毛茛科
别名：黑升麻

形态特征 茎直立，高40～150厘米，有圆洞状残迹。茎下部叶具长柄，为二至三回羽状复叶。顶生叶三裂。圆锥花序，长20～40厘米。花小，密集，白色。

分布 生长在秦岭海拔1200～3000米山坡草地或林下。

用途及价值 根可入药。也可做农药。

等叶花葶乌头

(*Aconitum scaposum* var. *hupehanum*)

毛茛科
别名：拟鞘状乌头

形态特征 多年生草本植物，植株高30～70厘米。茎生叶3～4枚，基生叶1～2枚，长不过9厘米，常在花后枯萎。叶肾状五角形。总状花序，顶生。花为紫色，两侧对称，上方萼片为圆筒状。

分布 常见于秦岭南北坡海拔2000～3000米的林下湿地或河道边。

用途及价值 根可入药，具有活血的功效。有毒。

卵瓣还亮草

(*Delphinium anthriscifolium* var. *calleryi*)
毛茛科

形态特征 一年生草本植物。茎直立，高30~50厘米，具条棱，上部多分枝。叶羽状全裂。总状花序，着生于茎顶或分枝顶。花为淡蓝色，两侧对称，上方萼片凹陷并后延形成囊状的距，距内藏2枚有距花瓣。

分布 生长在秦岭南北坡海拔600~1300米的山坡、沟谷及河边。

用途及价值 观赏性植物。

茴茴蒜 (*Ranunculus chinensis*)

毛茛科
别名：过路黄、老虎爪

形态特征 一年生草本植物。茎直立，高20~70厘米。三出复叶，两侧小叶无柄、较短。花顶生或腋生。花瓣5枚，黄色。雌蕊为绿色，着生于圆球形花托上。瘦果呈卵圆形，先端具短喙，边缘有3条突出的棱。

分布 秦岭较常见，生长在海拔400~1700米的渠岸、稻田及村庄外湿地。

用途及价值 全草可入药，具有清热解毒、降压、消肿、退翳（yì）的功效。有毒。

太白美花草（*Callianthemum taipaicum*）

毛茛科
别名：重叶莲

形态特征 多年生草本植物。茎1～4条，丛生，高8～10厘米。叶羽状分裂，羽片覆瓦状重叠。花直径2.2～2.8厘米，花瓣9～13枚，白色。

分布 常见于秦岭海拔2600～3600米的山坡和山脊草甸。

用途及价值 秦岭特有种。全草可入药，具有清热解毒、消炎的功效。

短柱侧金盏花

(*Adonis brevistyla*)

毛茛科

别名:狭瓣侧金盏花

形态特征 多年生草本植物。茎高20~40厘米。叶呈卵状三角形。花单生于分枝顶端,花瓣6~8枚,白色,少有浅蓝色。聚合果呈球形。

分布 生长在秦岭南坡海拔1900~2400米的沟谷林下。

用途及价值 观赏性植物。

毛茛科

打破碗碗花（*Anemone hupehensis*）

毛茛科
别名：野棉花、山棉花、火草花

形态特征 植株高60～100厘米。叶数片，基生，有长柄，三出复叶。花序轴和花梗被白色短柔毛。聚伞花序，二至三回分枝。花为粉红色或红色。瘦果密被长绵毛，貌似棉花盛开。

分布 常见于秦岭南坡海拔400～1800米的沟谷荒地、河道旁及路边。

用途及价值 根可入药，具有清热解毒、排脓生肌、消肿散瘀的功效。有毒。

毛茛科

白头翁 （*Pulsatilla chinensis*）

毛茛科
别名：羊胡子花

形态特征 植株高15～40厘米，全株被白色长柔毛。叶基生，具长柄，一至二回三出复叶。花葶单一，直立。总苞片叶状。花单生，大型。花萼为蓝紫色，类似花瓣。宿存花柱具长柔毛，似长发披肩。瘦果多数集成头状。

分布 在秦岭分布较普遍，常见于海拔400～1500米向阳的山坡草丛。

用途及价值 全草可入药，具有抗菌作用。

秦岭铁线莲（*Clematis obscura*）
毛茛科

形态特征 落叶藤本植物。茎呈圆柱形。三出羽状复叶，对生，具长柄。小叶5～15枚，全缘。花单生叶腋，或数个组成聚伞花序。萼片5～8枚，白色，类似花瓣。果实密被金黄色长柔毛。

分布 生长在秦岭海拔600～2600米的山坡灌丛、沟谷及路旁。

用途及价值 观赏性植物。

猫儿屎（*Decaisnea insignis*）

木通科
别名：猫屎瓜、鬼指头、猫屎筒

形态特征 落叶灌木，高可达5米。枝具圆形皮孔。奇数羽状复叶，小叶对生。圆锥花序，下垂。花为浅绿色。果实呈圆柱形，微拱曲，似猫屎状。成熟后为蓝紫色，被白粉。

分布 生长在秦岭海拔900～2200米的山谷灌丛和沟谷阴湿地带。

用途及价值 果皮可制作橡胶用品。果实可制糖，也可入药，具有清热解毒的功效。种子可榨油。

三叶木通 (*Akebia trifoliata*)

木通科
别名：八月瓜、八月炸

形态特征 落叶藤本植物。小枝为灰褐色，具稀疏皮孔。掌状三出复叶，小叶3枚，边缘为波状分裂或全缘。雌花1~3朵，雄花多数，雌、雄花花被为淡紫色。果实呈椭圆体状。

分布 生长在秦岭海拔550~2000米的山坡林下、河边灌丛及路旁。

用途及价值 茎藤可入药，具有行水、泻火、舒筋活络及安胎的功效。果实可入药，具有疏肝、除风湿、健脾和胃、生津止渴、催产的功效。果实可食用及酿酒。种子可榨油。

假豪猪刺（*Berberis soulieana*）

小檗(bò)科
别名：刺黄檗、猫儿刺、通针刺

形态特征 常绿灌木，高0.5～1.5米。茎具三分叉的刺，长1～2.5厘米。单叶互生，革质，坚硬，长圆状披针形，每边缘具5～18个刺状锯齿。花7～15朵簇生，黄色。果实为红色，被白粉。

分布 常见于秦岭海拔600～1800米的沟谷、河道旁。

用途及价值 根及茎皮可入药，具有清热解毒的功效。

阔叶十大功劳（*Mahonia bealei*）

小檗科
别名：十大功劳、老鼠刺

形态特征 常绿灌木，高0.4~2米。奇数羽状复叶，互生，长15~40厘米。小叶革质，9~15枚，由下向上渐次增大。叶缘反卷，并具有2~5个大刺状锯齿。总状花序簇生，直立，黄色。果实为蓝黑色。

分布 常见于秦岭海拔600~1800米的山坡、沟谷林下。

用途及价值 根可入药，具有清热、除湿、泻火的功效。

三枝九叶草（*Epimedium sagittatum*）

小檗科
别名：淫羊藿

形态特征 常绿草本植物，高30～55厘米。茎光滑。有基生叶和茎生叶，革质。茎生叶2枚，对生，基生叶有3分枝，每分枝有3枚小叶，故称"三枝九叶"。圆锥花序，顶生。花瓣囊状，黄色。萼片为白色。

分布 生长在秦岭南坡海拔600～1750米的山坡或沟谷。

用途及价值 全草可入药。

紫木兰（*Magnolia lilifiora*）

木兰科
别名：辛夷、木笔、姜朴树

形态特征 落叶小乔木，高可达5米。叶呈椭圆形或椭圆状卵形，较大。花先叶开放，单生，较大，钟状。花瓣9～12枚，白色或外面紫色。聚合果呈圆柱形，扭曲。

分布 常见于秦岭南坡海拔稍低的山坡、沟谷等地。

用途及价值 观赏性植物。花可提取香精。花蕾入药，具有通鼻窍、散风寒、止痛、清脑的功效。花蕾是金丝猴的重要食物。

华中五味子（*Schisandra sphenanthera*）

木兰科

别名：西五味子

形态特征 落叶藤本植物。小枝细长，红褐色，有明显皮孔。叶互生，倒卵形，全缘或有稀疏锯齿，叶柄带红色。花单性，单生于叶腋，下垂，橙黄色或带红色，花梗长2～4厘米。聚合果为穗状，下垂，长6～8厘米，成熟后为深红色。

分布 常见于秦岭海拔600～3000米的山坡、沟岸和路旁灌丛。

用途及价值 果实可食用，也可入药。

三桠乌药 (*Lindera obtusiloba*)

樟科
别名：猴楸树、三钻风、甘姜树

形态特征 落叶乔木，高6～10米。叶纸质，顶部常三裂，幼叶全缘。花序呈伞形，无总梗，花为黄色。浆果呈球形，成熟时为暗红色，后变为紫黑色。

分布 秦岭较常见，生长在海拔750～2500米的山坡、沟谷丛林。

用途及价值 种子可榨油，供制作肥皂、润滑油等。树皮可入药，具有舒筋活血的功效。

木姜子 (*Litsea pungens*)

樟科
别名:辣姜子、黄花子

形态特征 落叶小乔木,高3~8米。叶薄纸质,多簇生于枝端,椭圆状披针形、倒披针形。枝条和叶具有浓烈的香味。伞形花序,具短总梗。花为黄色,早春开,非常醒目。浆果呈球形,蓝黑色。

分布 秦岭常见树种,生长在海拔700~2000米的山坡上。

用途及价值 果实可提取芳香油。种子可榨油,供制作肥皂等。

小果博落回（*Macleaya microcarpa*）
罂粟科
别名：泡桐秆、黄婆娘、野麻子、吹火筒

形态特征 多年生大型草本植物，高1～2米。茎光滑，被白粉，圆柱形，中空，含乳黄色浆汁。叶互生，掌状分裂，常七至九深裂或浅裂。圆锥花序，顶生或腋生。

分布 秦岭分布普遍，生长在海拔2000米以下河边、路旁。

用途及价值 全草可入药，主治恶疮及皮肤病。有毒，只能外用，不可内服。鲜茎叶流出的黄色汁液，可外涂治疗黄蜂螫伤。全株直接投进粪坑，可杀死子孓和蛆。

白屈菜 （*Chelidonium majus*）

罂粟科
别名：水黄草、小人血七、观音草、
　　　小野人血七、见肿消、雄黄草

形态特征 多年生草本植物，高30～80厘米，植物体含棕黄色乳汁。茎直立或斜生，聚伞状分枝。叶一至二回羽状分裂，具长柄，表面绿色，背面具白粉。花为黄色，排列成聚伞花序。

分布 常见于秦岭海拔500～2000米的荒地、河边、路旁及村庄周围。

用途及价值 全草可入药，具有破瘀止痛的功效，主治劳伤淤血、痛经。全草（带根）可以治毒蛇咬伤。

荷青花（*Hylomecon japonica*）

罂粟科
别名：拐枣七、大叶老鼠七、乌筋七

形态特征 多年生草本植物，高15～25厘米。基生叶为奇数羽状复叶，具长柄，小叶5片，边缘具有不整齐的锯齿；茎生叶常2枚，具短柄。花为金黄色，1～2朵，由顶部叶腋抽出，花瓣4枚。

分布 常见于秦岭海拔1400～1800米的山坡阴湿处或林下。

用途及价值 根可入药，具有祛风湿、止血、止痛、舒筋活络的功效，主治风湿性关节炎。

大叶紫堇 (*Coryalis temulifolia*)

罂粟科
别名：城口紫堇

形态特征 多年生草本植物，高20~50厘米。茎直立或斜生。基生叶具长柄，茎生叶具短柄，二回三出羽状复叶。总状花序，顶生，多花，排列稀疏。花型较大，左右对称，紫色。

分布 常见于秦岭南坡1400米以上的山沟、路旁及河边。

用途及价值 植株浸泡液可以灭虫卵。

大叶碎米荠 (*Cardamine macrophylla*)

十字花科

别名：紫花碎米荠

形态特征 多年生草本植物。茎直立，表面有沟棱。奇数羽状复叶，小叶2~6对，椭圆形或卵状披针形。总状花序，多花。花为淡紫色或紫红色。花瓣4枚，开展如"十"字形。

分布 生长在秦岭海拔1000~3000米的山坡、山谷林下及河边。

用途及价值 全草可入药，能利小便，并有治疗败血病的功效。幼嫩时可食用，也是家畜的上等饲料。

诸葛菜（*Orychophragmus violaceus*）

十字花科

别名：二月兰

形态特征 一年生或二年生草本植物，高10~50厘米。茎呈圆柱形，直立，基部分枝。叶形变化大，基生叶和茎下部叶为提琴状羽裂，茎生叶基部耳状抱茎。花序着5~20朵花。花瓣为淡紫色，4枚，"十"字形排列。花药为黄色。早春开放，且成片生长。长角呈果线形。

分布 常见于秦岭北坡的路旁和沟谷边。

用途及价值 茎、叶幼嫩时，可用开水焯后放置冷水中浸泡，直至无苦味再食用。具观赏价值。

小丛红景天（*Rhodiola dumulosa*）

景天科

别名：凤尾七、凤凰草、凤尾草

形态特征 多年生肉质草本植物，高15～25厘米。主干亚木质，分枝。地上部分常有残留的老枝茎直立或弯曲，不分枝。叶互生，密集，线形。聚伞花序，顶生。花瓣为白色或淡红色，边缘折皱较大。

分布 产于太白山。生长在海拔2300～3700米的高山石隙。

用途及价值 全草可入药，具有养心安神、滋阴补肾、解热明目的功效。根茎可提取栲胶。

菱叶红景天（*Rhodiola henryi*）

景天科
别名：白三七

形态特征 多年生草本植物，高20～40厘米，全体无毛。茎直立，单一或丛生。叶3枚，轮生，菱形，边缘有疏锯齿。花序呈伞房状。蓇葖果开展，合呈"十"字状。

分布 较常见于秦岭海拔1200～2800米的林下岩石或石隙中。

用途及价值 全草可入药，具有止血、镇痛的功效。叶揉出的汁液能止蝎子螫痛。

景天科

费菜 (*Sedum aizoon*)

景天科

别名：六月淋、收丹皮、石菜兰、九莲花

形态特征 多年生草本植物，全体无毛，高24～40厘米。茎1～3条，直立，不分枝。叶互生，宽卵形、披针形或倒披针形，边缘有不整齐的锯齿，近革质。聚伞花序，顶生。花瓣为黄色。

分布 秦岭极常见，生长在海拔400～2600米的山谷、山坡或岩石积土上。

用途及价值 全草可入药，具有止血、止痛、清热解毒、散瘀消肿、提脓生肌、利水、平肝的功效。

平叶景天 (*Sedum planifolium*)

景天科
别名：狗牙瓣、石头菜

形态特征 多年生草本植物，无毛。叶互生，覆瓦状，先端具乳头状突起。花为黄色。蓇葖果近星状。

分布 秦岭极常见，生长在海拔800～1600米的山谷滩地或路旁岩石上。

用途及价值 可食用。

虎耳草科

七叶鬼灯檠（qíng）（*Rodgersia aesculifolia*）

虎耳草科
别名：索骨丹、黄药子、秤杆七、天篷伞、红苕七

形态特征 多年生草本植物，高0.8～1.2米。根状茎呈圆柱形，横生，茎内部为淡紫红色。掌状复叶具长柄，小叶5～7枚，小叶边缘有锯齿，锯齿内有小锯齿。聚伞花序呈圆锥状，花为白色或带粉红色。

分布 秦岭较常见，生长在海拔1000～2600米的山谷石崖上或路旁阴湿处。

用途及价值 根状茎含淀粉，可供酿酒、制醋和酱油。根状茎可入药，具有收敛止血、止痛生肌、消瘦解毒的功效。

白溲疏 (*Deutzia albida*)
虎耳草科

形态特征 落叶灌木,高1.5~3米。嫩枝为淡红色,被星状毛,二三年生枝条为栗褐色,表皮不规则片状脱落。叶对生,边缘有锯齿,椭圆形或卵状椭圆形。聚伞花序生于枝端,萼片合生成钟状,5个裂齿。萼筒与子房合生,果期宿存。花瓣5枚,为白色。

分布 常见于秦岭海拔900~1700米的山坡灌木林。

用途及价值 园林绿化树种。

中华绣线梅（*Neillia sinensis*）

蔷薇科
别名：黑渣子、秤杆梢

形态特征 灌木，高可达2米。枝细长，张开，常呈"之"字形曲折。单叶互生，排成两列，边缘大锯齿内又有小锯齿，常有裂片。叶呈卵形或卵状长圆形。总状花序，花为粉红色或淡粉红色。萼片5枚，合生成筒状，宿存，果期包裹果实。

分布 秦岭较常见，生长在海拔700~3000米的阴湿山坡林下或河岸。

用途及价值 常栽培于庭院，供绿化用。

绣球绣线菊（*Spiraea blumei*）
蔷薇科

形态特征 灌木，高1~2米，枝细，张开且微拱曲，幼枝为褐色，老枝为灰褐色。单叶互生，边缘自中部以上有3~5个浅裂，具有明显的羽状叶脉。伞形花序着生于短枝顶端，有总花梗。花为白色。

分布 常见于秦岭海拔800~2000米的山坡灌丛和路边。

用途及价值 根及果实可入药，具有理气镇痛、祛瘀生新、解毒的功效。花、叶具有观赏价值。

高丛珍珠梅（*Sorbaria arborea* var. *glabrata*）

蔷薇科
别名：狼尾巴

形态特征 灌木，高可达6米。枝呈圆柱形，张开，幼枝为黄绿色、被疏星状毛，老枝为暗红色、无毛。羽状复叶，小叶11～17枚，对生。圆锥花序疏松，分枝张开。花为白色，雄蕊30枚，长于花瓣。果梗弯曲。

分布 生长在秦岭南坡海拔1200～2000米的沟谷林下或山坡林下。

用途及价值 可作为园林绿化植物。

平枝栒子（*Cotoneaster horizontalis*）

蔷薇科
别名：铺地栒子、铺地蜈蚣、
　　　牛肋巴、铁扫帚、翘皮子

形态特征 半常绿匍匐灌木，高不超过0.5米。枝条水平张开成整齐两列状。单叶互生，全缘，近圆形或宽椭圆形。花1～2朵，着生于短枝端，粉红色。果实近球形，鲜红色。

分布 常见于秦岭海拔1000～2500米的向阳山坡。

用途及价值 根可入药，具有消热除湿的功效，用水煎服可治红痢及吐血。

火棘（*Pyracantha fortuneana*）

蔷薇科
别名：救兵粮、红果子

形态特征 常绿灌木，高可达3米。侧枝先端成刺。单叶互生，边缘有锯齿，倒卵形或倒卵状长圆形，长2～5厘米，宽0.5～1.7毫米。复伞房花序，花多数，白色。果实呈球形，深红色，经久不落。

分布 秦岭分布普遍，常见于海拔550～1500米的河岸、滩地和山坡灌丛林下。

用途及价值 可作为园林植物。果实可食，也可酿酒。根可入药，主治跌打损伤和筋骨痛。叶可治痘疮。

甘肃山楂 (*Crataegus kansuensis*)

蔷薇科
别名：野山楂

形态特征 落叶灌木或小乔木，高3～8米。枝刺多，呈锥形，长2厘米。小枝为红褐色。叶呈宽卵形，长3～6厘米，宽2～4.5厘米。伞房花序，8～20朵花，白色。总花梗和花梗均无毛。果实呈球形，红色。

分布 生长在秦岭海拔1000～2500米的山坡林缘。

用途及价值 果实可酿酒。

陕甘花楸（*Sorbus koehneana*）

蔷薇科
别名：小叶臭梧子、臭山槐

形态特征 灌木或小乔木，高可达5米。奇数羽状复叶，互生。小叶17~25枚，边缘有锯齿。复伞房花序，多生于侧生短枝上。花多数，白色。果实呈球形，白色，经久不落。

分布 常见于秦岭海拔2000~3000米的山坡林内。

用途及价值 园林绿化植物。

棣(dì)棠花 (*Kerria japonica*)

蔷薇科
别名：通草、鸡蛋黄花、土黄条、青通花

形态特征 灌木，高1~2米。小枝绿色，微拱曲，幼枝有棱角。单叶互生，边缘大锯齿内有小锯齿，椭圆形或卵状披针形。花直径3~4.5厘米，多为黄色。

分布 秦岭分布普遍，生长在海拔400~2500米的沟谷灌丛、杂木林内。

用途及价值 普遍栽培，供庭院绿化用。用其髓入药，有催乳和利尿作用。

黄毛草莓（*Fragaria nilgerrensis*）

蔷薇科
别名：锈毛草莓、白草莓、野草莓

形态特征 直立草本植物，高8～30厘米。有匍匐茎，细长，节上常有不定根，密被平展的黄棕色长绒毛。三出复叶，小叶呈倒卵形，边缘具缺刻状锯齿。聚伞花序，具3～5朵花，为白色。聚合果为白色。

分布 生长在秦岭南坡海拔1500～2200米的山坡路旁。

用途及价值 全草可入药，具有清热解毒、祛风止咳的功效。果实可食用。

蛇莓 (*Duchesnea indica*)

蔷薇科
别名：蛇泡、三匹风、地莓

形态特征 草本植物。茎匍匐，纤细，节上生不定根。掌状三出复叶。花单生于叶腋，为黄色。球形聚合果，直立，突出于膨大的花托上，为红色。

分布 常见于秦岭海拔300~2000米的山坡草地、路旁、地埂及河边。

用途及价值 全草可入药，具有清热解毒、散结、祛风止咳的功效。

山合槐（*Albizia kalkora*）

豆科
别名：山合欢、夜合树、夜胡老、山槐

形态特征 落叶小乔木，高3～15米。偶数羽状复叶，每小叶梗上有叶5～14对。头状花序，具2～3朵花，着生于上部叶腋。总花梗被柔毛。花萼绿色，分裂为齿。花初为白色，后变黄。花瓣分裂为丝线形。荚果扁而薄。

分布 常见于秦岭海拔500～1300米的山坡、沟谷、荒地或路旁。

用途及价值 行道树。树皮纤维可供制人造棉和造纸。根及茎皮可入药，具有补气活血、消肿止痛的功效。花有催眠作用。

紫荆（*Cercis chinensis*）

豆科

别名：罗圈树、馍叶树、乌桑

形态特征 乔木，栽培后常为灌木。树皮幼时为暗灰色，光滑，老时粗糙而片裂。单叶互生，近圆形，长6～14厘米，宽5～14厘米。花两侧对生，先叶开放，多簇生于老枝上，为紫红色。荚果为紫红色。

分布 常见于秦岭海拔480～1300米的山坡、河岸及村庄旁。

用途及价值 可供庭院栽培观赏、绿化。根、茎可入药，具有活血行气、消肿止痛、祛瘀解毒的功效。

云实 (*Caesalpinia decapetala*)

豆科
别名：倒挂牛

形态特征 落叶攀援灌木。幼枝密被褐色短柔毛，密生倒钩刺；老枝红褐色，无毛，有短钩刺。二回羽状复叶，每小叶梗上有小叶6～12对。总状花序，大型，繁多，顶生，花为黄色，两侧对称。荚果为狭长圆形。

分布 生长在秦岭南坡海拔300～800米的山坡、沟谷或路旁。

用途及价值 花果、种子、茎及根可入药。种子也可榨油。

草木樨 (*Melilotus officinalis*)
豆科

形态特征 二年生草本植物。茎高0.5~3米。羽状三出复叶，互生，小叶有锯齿。总状花序，细长，着生于叶腋，花稀疏排列，为黄色。荚果呈圆柱形，长3~4毫米。

分布 沿秦岭各条道路旁均有分布。

用途及价值 重要的饲料植物。

紫藤（*Wisteria sinensis*）

豆科

别名：藤萝花、藤花、硬葛藤、铁葛麻藤、葛花藤

形态特征 大型落叶缠绕藤本植物。茎粗壮，多分枝。奇数羽状复叶，互生。小叶3~6对，卵状长圆形。总状花序，花冠为蓝紫色。荚果呈线状倒卵形。

分布 秦岭较常见，生长在海拔700~3000米的阴湿山坡林下或河岸。

用途及价值 常栽培于庭院，供绿化用。

紫云英（*Astragalus sinicus*）
豆科

形态特征 二年生草本植物。茎直立或匍匐，高10～40厘米。奇数羽状复叶，小叶7～13枚。总状花序密集成头状，近伞形，腋生，花为堇色或黄白色。荚果呈线状长圆形，长1～2厘米。

分布 生长于秦岭南坡海拔400～3000米的山坡、谷地、荒地。

用途及价值 可作为绿肥，改良土壤。

山蚂蝗 (*Desmodium racemosum*)
豆科

形态特征 半灌木,高0.5~2米,无毛。茎有棱角。托叶钻形披针状。羽状三出复叶,小叶3枚,顶生叶较大,椭圆状菱形,侧生叶较小。顶生花序圆锥状,腋生花序总状。花为淡紫色。荚果扁平,不开裂,密被短柔毛。

分布 常见于秦岭南坡海拔550~1750米的山坡、谷地、路旁及田边。

用途及价值 全株可入药,具有解表散寒、祛风解毒的功效,主治风湿骨痛、咳嗽吐血。

黄檀（*Dalbergia hupeana*）
豆科

形态特征 乔木，高10～17米。奇数羽状复叶，小叶互生，3～5对，革质。圆锥花序，顶生，花为淡紫色或白色。雄蕊10枚，合生成各为5枚的两束。荚果不开裂，长圆形，扁平。

分布 生长在秦岭南坡海拔600～1100米的山坡灌丛及路旁。

用途及价值 木材坚韧、致密，可制作各种负重力及拉力强的用具。

野大豆（*Glycine soja*）
豆科
别名：乌豆、野毛豆

形态特征 一年生缠绕草本植物。茎细弱，缠绕或平卧。小叶3枚，纸质，卵状披针形或卵形。总状花序短，腋生，花小。花为淡紫红色。荚果小，密被黄色长硬毛。

分布 较常见于秦岭海拔300～1300米的山野、河岸、草甸和灌丛。

用途及价值 极重要的大豆野生种质资源。可作为家畜的精美饲料。全草可入药，具有补气血、利尿、平肝、敛汗的功效。

葛（*Pueraria lobata*）

豆科
别名：野葛、葛藤、葛条、绵葛藤、葛麻藤

形态特征 大型缠绕藤本植物，长可达10米。块根肥大，直径可达8厘米。茎为灰褐色，幼枝密被褐色长硬毛。三出复叶，小叶大型。总状花序，腋生，花为紫红色。荚果长而扁，密被褐色长硬毛。

分布 较常见于秦岭海拔700～1500米温暖湿润的山坡及沟谷路旁。

用途及价值 茎可拧绳、织麻布、造纸。块根可制葛粉，供食用和酿酒。根可入药，具有解表退热、生津止渴、止泻痢、解酒毒的功效。

毛蕊老鹳草(*Geranium platyanthum*)
牻(máng)牛儿苗科

形态特征 多年生草本植物。根状茎粗壮。茎单生或自基部分枝,高30～80厘米,有白色硬毛。叶互生,肾状五角形,掌状五中裂或深裂。聚伞花序,顶生,花瓣为蓝紫色。果实有长喙。

分布 生长在秦岭海拔800～2700米湿润的灌丛中。

用途及价值 茎、叶可提取栲胶。

竹叶花椒 (*Zanthoxylum armatum*)

芸香科
别名：狗椒

形态特征 灌木或小乔木，高2~4米，有香气。小枝光滑，有皮刺，弯斜。奇数羽状复叶，互生，叶轴具翅。小叶对生，3~9枚，酷似竹叶。聚伞状圆锥花序，腋生，花小，淡黄绿色。蓇葖果为红色，表面有粗大的突起。

分布 常见于秦岭海拔300~2000米的沟谷、山坡灌丛或路旁。

用途及价值 果实和叶可提取芳香油。种子可榨油。果实、根和叶可入药，具有散寒、止痛、消肿、杀虫的功效。

臭椿（*Ailanthus altissima*）

苦木科
别名：樗木、白椿、椿树

形态特征 落叶乔木，高可达20米。树皮平滑，有皮孔。幼枝为赤褐色。奇数羽状复叶，互生，小叶对生，13～25枚，全缘，仅在近基部有1～2对粗锯齿，齿端有一腺体，揉搓后有臭味。圆锥花序，花为淡绿色。翅果呈长椭圆形，黄褐色。

分布 秦岭分布较普遍，栽培较多。

用途及价值 木材可制作车辆和家具。叶可饲养春蚕。树皮、根皮、果皮可入药，具有清热祛湿、收敛止痢的功效。

香椿（*Toona sinensis*）

楝（liàn）科
别名：红椿、椿芽树

形态特征 落叶乔木，高20~25米。树皮为灰褐色，纵裂，片状剥落。幼枝为暗褐色，有柔毛。偶数羽状复叶，互生，小叶全缘，10~22枚，有香味。圆锥花序，顶生，下垂，花为白色。果实呈圆球形，木质。

分布 秦岭广布，栽培较多。

用途及价值 木材细致、美观，是造船的材料。幼嫩芽、叶可食用。树皮及果实可入药，具有收敛止血、祛湿止痛的功效。

马桑 (*Coriaria nepalensis*)

马桑科
别名：马桑果、红娘子

形态特征 落叶灌木，高1～6米。小枝为红褐色，有棱和疣状突起。单叶对生，全缘。总状花序，侧生于上年枝上，花单性。花瓣比萼片小，花后增大并肉质化，从而包被果实，使果实变成浆果状，成熟时为紫黑色。

分布 生长在秦岭南坡海拔400～1300米的山坡灌丛、路旁。

用途及价值 全株含有马桑碱，有毒。茎、叶可提取栲胶。果实可制酒精。种子可榨油。

粉背黄栌

(*Cotinus coggygria* var. *glaucophylla*)

漆树科
别名：黄栌柴、栌木树

形态特征 落叶灌木或小乔木，高2～5米。小枝和叶无毛。单叶互生，广椭圆形或卵圆形，较大，全缘，背面明显被白粉。圆锥花序，顶生，花为黄色。果期花梗呈羽毛状，黄绿色，宿存。

分布 常见于秦岭海拔500～1650米的山坡灌丛、路旁。

用途及价值 树皮可提取栲胶。木材可提取黄色颜料。枝及叶可入药，具有消炎、清湿热的功效。叶含芳香油。

黄连木（*Pistacia chinensis*）

漆树科
别名：药树、黄果树、药木子

形态特征 落叶乔木，高10～20米。奇数羽状复叶，互生，小叶10～12枚，披针形或卵状披针形。花单性异株，先叶开放。圆锥花序，腋生，花小。核果呈倒卵圆形，较小，繁多，成熟后为红色或紫蓝色，被白粉。

分布 秦岭分布普遍，生长在海拔500～1500米的山坡、河谷及路旁。

用途及价值 木材可供建筑用材。种子含油率高达35%，是新型的生物质能源树种之一。

盐肤木 (*Rhus chinensis*)

漆树科

别名：花倍、麸杨树、泡木树、五倍子树

形态特征 灌木或小乔木，高2～8米。小枝、叶柄和花序都密生褐色柔毛。奇数羽状复叶，互生，长25～45厘米。叶轴及叶柄有绿色叶状小翅。圆锥花序，长15～30厘米，花为白色。核果呈圆形，红色。

分布 秦岭分布普遍，生长在海拔530～1650米的疏林、灌丛及路旁。

用途及价值 根皮可入药，具有消炎、利尿的功效。枝叶上寄生的虫瘿叫作"五倍子"，用于轻工业及医药。种子可榨油。

卫矛科

卫矛（*Euonymus alatus*）

卫矛科
别名：巴木、篦子木

形态特征 落叶灌木，高可达2米。枝为绿色，具2~4条纵裂木栓质翅。叶对生，椭圆形或菱状倒卵形。聚伞花序，腋生，花1~3朵，淡黄绿色。果实开裂，露出橙红色的假种皮。

分布 常见于秦岭海拔1800米以下的山坡、沟谷丛林。

用途及价值 茎、叶含鞣质，可提取栲胶。根、木栓质翅可入药，主治漆性皮炎、烫火伤等症。

膀胱果 (*Staphylea holocarpa*)

省沽油科
别名：白凉子、泡泡果、铃子树

形态特征 小乔木，高3~5米。小枝深绿色，光滑。复叶，对生，小叶3枚，顶生叶呈椭圆形或长圆形。圆锥花序，下垂，着生于上年枝条的叶腋，花为白色或粉红色。蒴果呈梨形，薄膜质，泡状膨大，顶端3裂形成3个小尖头。

分布 常见于秦岭海拔700~2400米的杂木林。

用途及价值 种子可榨油。

青榨槭（*Acer davidii*）

槭树科
别名：青蛙皮

形态特征 乔木，高10～15米。当年生枝条为绿色，有黑色条纹，似青蛙皮肤。单叶对生，椭圆形或宽卵形，顶端逐渐狭窄成尖头。总状花序，下垂，花为黄绿色。果实两侧形成长翅，两翅水平状展开呈钝角。

分布 常见于秦岭海拔1000～2100米的山坡丛林、路旁。

用途及价值 造林树种。树皮可制造人造棉、绳索、麻袋。

七叶树 (*Aesculus chinensis*)

七叶树科
别名:梭罗树、娑罗子

形态特征 落叶乔木,高达25米。掌状复叶,较大,由5~9枚小叶组成,有长叶柄。圆锥花序,直立,花为白色,醒目。蒴果近球形,直径2~4厘米,表面密被黄褐色疣点。

分布 生长在秦岭海拔500~1500米的山谷丛林。

用途及价值 著名的行道绿化树种。种子可入药,具有理气宽中、杀虫的功效。

无患子科

栾树 (*Koelreuteria paniculata*)
无患子科

形态特征 小乔木，高5～10米。奇数羽状复叶，互生，小叶浅裂，叶柄和总轴上面有二槽纹。圆锥花序，顶生，长25～40厘米。花为黄色，花瓣基部有鳞片，初时为黄色，开花时为橙红色、紫色。蒴果呈圆锥状，具三棱，膨胀。果瓣呈卵形，具薄纸质红色的果皮。

分布 生长在秦岭海拔400～1000米的山坡杂木林和沟谷林缘。

用途及价值 叶可提取栲胶，也可做青色颜料。花可做黄色颜料。种子可榨油。著名的园林绿化树种。

水金凤 (*Impatiens noli-tangere*)
凤仙花科

形态特征 一年生草本植物，高50～80厘米。茎略肉质，分枝。单叶互生，卵形或椭圆形，羽状叶脉，边缘有粗齿。花两侧对称，为黄色，有红色斑点，基部有弯生的距。蒴果呈狭长圆柱形，长3～5厘米。

分布 常见于秦岭海拔1500～2500米的山谷林缘或河边草丛中，喜阴湿环境。

用途及价值 全草可入药，具有理气和血、舒筋活络的功效。

鼠李科

铜钱树（*Paliurus hemsleyanus*）

鼠李科
别名：鸟不宿

形态特征 乔木，高可达15米。幼枝无毛，为黑褐色，初具刺，后无。单叶互生，边缘具锯齿，叶两面无毛，基生三出脉。聚伞花序，腋生或顶生，花小，为黄绿色。核果周围具水平展开木质翅，直径2~3.5厘米，为紫褐色。

分布 常见于秦岭南北坡海拔1000米以下的河谷林缘或河道边。

用途及价值 树皮可提取栲胶。

勾儿茶 (*Berchemia sinica*)
鼠李科

形态特征 常绿攀援灌木，高2～6米，枝为黄褐色，无毛。单叶互生，全缘，纸质，卵形，具羽状平行脉，侧脉8～19对。圆锥花序，顶生，花为黄绿色。核果呈圆柱形，为黑红色。

分布 生长在秦岭海拔1300～2600米的山坡、沟谷及路旁。

用途及价值 可栽培，作为观赏性植物。

爬山虎（*Parthenocissus tricuspidata*）

葡萄科

别名：爬墙虎

形态特征 大型藤本植物，枝条粗壮。枝上有卷须，分叉，幼嫩时呈圆珠形，遇附着物扩大成吸盘。单叶互生，宽卵形，先端通常三裂。聚伞花序，着生于短枝顶端，花为黄绿色。浆果呈球形，蓝黑色。

分布 秦岭多见，常生于潮湿岩壁上。

用途及价值 可供栽培。根、茎可入药，具有破瘀血、消肿毒的功效。果实可酿酒。

猕猴桃 (*Actinidia chinensis*)

猕猴桃科
别名：羊桃、阳桃、鬼桃

形态特征 攀援藤本植物，长可达8米。枝为红褐色。单叶互生。小枝和叶背面密被星状毛。花两性，单生或数朵聚生于叶腋，下垂。花初为乳白色，后变为淡黄色。浆果近球形或椭圆形，密被柔软的柔毛。

分布 生长在秦岭海拔700～2200米的山坡、林缘或灌丛。

用途及价值 果实富含维生素C，可食，也可入药。花是很好的蜜源。

黄海棠（*Hypericum ascyron*）

藤黄科
别名：柳叶草、大接骨丹、大对经草

形态特征 多年生草本植物，高可达1米。茎直立，具四棱。单叶对生，全缘，无柄，基部抱茎。花数朵顶生，黄色。雌蕊的花柱5枚，在中部以上五裂。蒴果呈圆锥形。

分布 生长在秦岭海拔500～2500米的山坡林下或草丛中。

用途及价值 全草可入药，具有活血调经、止血止咳、利水消肿、祛风湿的功效。

紫花地丁（*Viola philippica*）
堇菜科

形态特征 多年生草本植物，全株被短白柔毛。叶基生，莲座状。叶形变化多，一般为长圆状披针形、卵状披针形或三角状卵形，基部平截或浅心形。花梗长，使花突出于植株，中部有2枚线性苞片。花为淡紫色，两侧对称。

分布 常见于秦岭海拔950～1330米的荒地、路旁。

用途及价值 全草可入药，具有清热解毒、除脓消炎的功效。外用时将其捣烂敷患处，可排脓生肌。根煎剂可止痢。

中国旌(jīng)节花 (*Stachyurus chinensis*)

旌节花科
别名：通草、通花杆、秤砣

形态特征 灌木，高2～4米。单叶互生，卵形至卵状长圆形，边缘具锯齿。穗状花序，下垂，长4～8厘米，早春开，花为黄色，先叶开放。浆果呈球形，绿色。

分布 常见于秦岭海拔800～2000米的山坡、沟边或林缘。

用途及价值 茎髓供药用。

中华秋海棠（*Begonia sinensis*）

秋海棠科
别名：一口血、岩丸子

形态特征 多年生草本植物。茎直立，红色，高20～60厘米。单叶互生，斜卵形，基部偏心形，边缘尖波状分裂。叶正面为绿色，叶背面和叶柄为红色。花为粉红色，花形奇特。

分布 秦岭分布普遍，常见于山谷、河岸和崖旁阴湿岩石上。

用途及价值 块茎可入药，具有活血散瘀、清热、止血、止痛的功效。

披针叶胡颓子（*Elaeagnus lanceolata*）

胡颓子科
别名：羊奶子、麦桑子

形态特征 常绿灌木，高1~4米。叶革质，披针形或椭圆状披针形，叶背面密被锈色或银白色盾形鳞片。花为淡黄白色，3~5朵簇生于叶腋。果实为椭圆形，长1~1.5厘米，红褐色，密被锈色和银白色盾形鳞片。

分布 常见于秦岭海拔500~2000米的山坡、沟谷及路旁。

用途及价值 果实可食用。

八角枫(*Alangium chinense*)
八角枫科

形态特征 落叶灌木或小乔木,高3~6米。叶呈卵形或近圆形,基部两侧不对称,全缘或3~9裂,裂片尖。花8~30朵,组成腋生聚伞花序。花瓣呈线形,开花后反卷,初为白色,后变为黄色。核果呈卵圆形,黑色。

分布 生长在秦岭海拔500~1200米的山坡、路旁灌丛中。

用途及价值 树皮纤维可做人造棉材料。根、茎、叶可入药,具有祛风除湿、散瘀止血的功效。有毒。

柳兰（*Epilobium angustifolium*）
柳叶菜科

形态特征 多年生草本植物，高50～150厘米。茎直立，不分枝。单叶互生，似柳叶。总状花序，顶生，紫红色。花柱为白色，先端四裂。蒴果呈长圆柱形，长7～10厘米。

分布 生长在秦岭海拔1500米以上的山谷草地。

用途及价值 全株含鞣质，可提取栲胶。极佳的蜜源植物。

待宵草（*Oenothera stricta*）
柳叶菜科

形态特征 多年生草本植物，高70~100厘米。茎直立，被柔毛。单叶互生，有锯齿，线状披针形，似柳叶。花大型，稀疏，顶生于上部叶腋，鲜黄色，无柄，夜间开放。蒴果呈圆柱形，略带四棱。

分布 各地栽培，现在野外也有分布。

用途及价值 观赏性植物。

楤(sǒng)木 (*Aralia chinensis*)

五加科
别名:飞天蜈蚣、刺龙苞、鸟不宿、百鸟不落、刺椿头

形态特征 落叶小乔木,高可达8米。茎直立,具针刺。二回至三回奇数羽状复叶,长40~100厘米。伞形花序聚成大圆锥花丛,白色。果实近球形,黑紫色。

分布 生长在秦岭海拔700~1200米的山谷林缘。

用途及价值 嫩芽可做蔬菜。根皮可入药,具有活血散瘀、止痛、祛风湿和健胃利水的功效。

鸭儿芹（*Cryptotaenia japonica*）

伞形科
别名：六月寒、水蒲莲、鸭脚板、铜箍散

形态特征 一年或二年生草本植物，高30～90厘米。三出复叶，叶柄部扩大成鞘并抱茎。多个复伞形花序，不规则。果实呈线状长圆形，有时弯曲。

分布 常见于秦岭海拔600～3000米的山坡或沟谷阴湿处。

用途及价值 幼苗可做蔬菜。全草可入药，具有活血祛瘀、镇痛止痒的功效。

前胡 (*Peucedanum praeruptorum*)
伞形科
别名：石防风

形态特征 多年生草本植物，高30～120厘米。茎带紫色。叶三出分裂，中裂片下延。叶边缘有锯齿，叶柄基部有叶鞘。基生叶有长叶柄，上部叶无叶柄。复伞形花序，花为白色。果实呈卵状椭圆形。

分布 常见于秦岭海拔800～2600米的山谷或路旁草地。

用途及价值 根可入药，具有降气祛痰、发散风热的功效。

野胡萝卜 (*Daucus carota*)
伞形科

形态特征 二年生草本植物，高25～100厘米，全株被粗毛，外观酷似胡萝卜。根呈圆柱形，较细，白色。茎直立，单生。叶二回至三回羽状分裂，最终裂片狭窄。复伞形花序，直径5～10厘米，花为白色、黄色或淡红色，花柄不等长，开展，结果时外侧花柄向内弯曲。果实呈圆卵形。

分布 生长在秦岭海拔400～1600米的荒坡、路旁、沟谷。

用途及价值 嫩叶可食用。果实可入药，可制利尿剂和驱虫剂。

红瑞木(*Cornus alba*)
山茱萸科

形态特征 落叶小乔木,高3~5米。树皮为暗红色,平滑,枝条为血红色,常被白粉。叶对生,全缘,卵形或椭圆形。花小,黄白色。核果呈斜卵形,成熟时为白色或蓝白色。

分布 常见于秦岭海拔1800~2200米的山坡、沟谷林缘。

用途及价值 绿化树种。种子可榨油,供工业用。

杜鹃花 (*Rhododendron simsii*)

杜鹃花科
别名：映山红、山踯躅

形态特征 落叶灌木，高1～3米。单叶全缘，叶两面被棕褐色伏毛，常簇生于枝端。花大，两侧对称，2～6朵簇生于枝端。花瓣五深裂，红色，具深红色斑点。

分布 生长在秦岭海拔600～1800米的山坡林内。

用途及价值 全株可入药。春季采花，夏季采叶干用或鲜用，主治气管炎、荨麻疹；秋季采根，主治风湿性关节炎、跌打损伤。

齿萼报春 (*Primula odontocalyx*)
报春花科

形态特征 多年生草本植物。叶基生,莲座状,薄膜质,边缘具不整齐小牙齿。伞形花序,2~8朵花,紫红色或淡紫色。花萼呈钟状,中部开始五分裂,先端尖。蒴果呈球形。

分布 常见于秦岭海拔1200~2300米的林下阴湿处、沟谷或路旁。

用途及价值 观赏性植物。

过路黄 (*Lysimachia christinae*)

报春花科
别名：金钱草、爬地黄、黄花藤

形态特征 多年生草本植物。茎单一，平卧匍匐状，长20～60厘米。叶对生，透光可见透明腺条。花为黄色。蒴果呈球形。

分布 秦岭分布较普遍，常见于海拔600～2300米的山坡荒地、路旁或沟边。

用途及价值 全草可入药，主治胆囊炎、胆结石、尿路结石、黄疸肝炎。外敷可治烫火伤、毒蛇咬伤、跌打损伤。

白檀(*Symplocos paniculata*)

山矾科

别名：檀花青、野丝绵树、白花茶、牛筋叶、黄檀树

形态特征 落叶灌木或小乔木，高1.5~5米。嫩枝、叶面及花序被柔毛。单叶互生，纸质，椭圆形或倒卵形，边缘有细锯齿。圆锥花序，着生于新枝顶端，白色。核果为蓝色，顶端有宿存花萼。

分布 常见于秦岭海拔900~2100米的山坡灌丛及沟谷林缘。

用途及价值 种子可榨油，制油漆及肥皂。叶可药用。根皮可做农药。

连翘 (*Forsythia suspensa*)
木犀科

形态特征 灌木，高1～3米。小枝开展，中空，仅节部实心。叶对生，卵形、宽卵形或长圆状卵形。早春开花，先叶开放，花为黄色，腋生，花冠常四裂。蒴果呈卵形，先端有长喙。

分布 秦岭较多见，生长在海拔600～2000米的山坡及沟谷灌丛。

用途及价值 果实可入药，具有清热解毒、散结消肿、排脓、利尿等功效。

华北紫丁香（*Syringa oblata*）

木犀科

别名：紫丁香、龙背木、丁香

形态特征 灌木或小乔木，高可达4米。单叶对生，全缘，卵圆形或肾形。圆锥花序，顶生，花为紫色或淡粉红色。花瓣合成，四裂，裂片呈直角张开。蒴果呈长圆形。

分布 常见于秦岭海拔1200～1700米的山坡路旁、沟谷石滩。

用途及价值 庭院观赏性植物。

椭圆叶花锚（*Halenia elliptica*）
龙胆科

形态特征 一年生草本植物，高20~50厘米。茎直立，分枝，四棱形。单叶对生，全缘，卵形或椭圆形，长1.5~8厘米，宽0.8~3.5厘米。顶生伞形花序或腋生聚伞花序，花为蓝色。花冠四深裂，每裂片基部有一平展长距，先端有一小尖头。花的整体外观酷似"锚"。

分布 秦岭分布普遍，常见于海拔800~2500米的山坡草地或林下。

用途及价值 观赏性植物。

萝藦科

杠柳（*Periploca sepium*）

萝藦科

别名：北五加皮、山五加皮、羊角条、臭加皮、香加皮

形态特征 落叶蔓性灌木。具白色乳汁。除花外，全株无毛。叶对生，具柄，羽状脉，膜质，卵状长圆形。聚伞花序，腋生，花通常被柔毛。花瓣合生成花冠，紫红色，其内又有丝状的5枚副花冠，环状着生于花冠基部。蓇葖果双生，纺锤状长圆形。

分布 常见于秦岭浅山区的河边、路旁及林缘。

用途及价值 根、茎皮可入药。北方都用杠柳皮泡酒，功效同五加皮，有毒，不宜过量久服。

菟丝子 (*Cuscuta chinensis*)

旋花科

别名：无娘藤、热痱子草、金线草、无娘子

形态特征 一年生寄生藤本植物，茎缠绕，黄色，纤细。花序侧生、簇生，花小。花瓣合生成花冠，花冠呈钟形或壶形，白色。蒴果呈球形。

分布 秦岭较多见，生长于海拔380~2300米的路旁各类草本植物上。

用途及价值 种子可入药，具有补肝、益精、壮阳、止泻、润燥的功效。

紫草科

倒提壶（*Cynoglossum amabile*）
紫草科

形态特征 多年生草本植物。茎直立，有分枝，密被贴伏短柔毛。基生叶具长柄，茎上部叶无柄。花序分枝紧密，相邻分枝间呈锐角，花冠蓝色，五裂，裂口处有5枚梯形附属物。坚果4个，密生锚状刺。

分布 常见于秦岭海拔1000～2300米的山坡荒地、路旁草地。

用途及价值 全草可入药，具有清热解毒、散瘀止血的功效，外用治疗创伤出血、骨折、关节脱臼等。

臭牡丹 (*Clerodendrum bungei*)
马鞭草科

形态特征 小灌木，高1~2米，全株有臭味。单叶对生，宽卵形或卵形，长10~20厘米，宽5~15厘米，有浓烈的臭味。聚伞花序，顶生，花为淡红色、红色或紫色，花萼和花瓣颜色相近。花也有臭味。核果呈倒卵形或球形，蓝紫色。

分布 秦岭多见，常生长于海拔300~1500米的山坡、林缘和路旁。

用途及价值 根、茎、叶均可入药，具有祛风解毒、消肿止痛的功效。

唇形科

活血丹（*Glechoma longituba*）

唇形科
别名：佛草、金钱草、透骨消、金钱菊

形态特征 多年生草本植物。匍匐茎，茎节生根。茎呈四棱形，基部常为紫色。叶对生，心形，先端钝尖，不具针状芒。花序腋生，通常着生2朵花，花两唇形，两侧对称。花冠呈漏斗形，蓝色或蓝紫色，下裂片有深色斑点。

分布 常见于秦岭海拔1000米以上的阴湿沟谷和多水环境中。

用途及价值 全草可入药，治疗膀胱尿道结石、跌打损伤、疮疖、风癣等。

香薷 (*Elsholtzia ciliata*)

唇形科
别名:臭荆芥、荆芥

形态特征 一年生草本植物,高30~50厘米。茎直立,四棱形,常有分枝。叶基部楔形下延成翅,边缘具锯齿。穗状花序,顶生或偏向一侧,形似牙刷状,花为淡紫色。

分布 生长在秦岭海拔900~1800米的山坡、沟谷荒地、路旁草地。

用途及价值 全草可入药,治疗急性肠胃炎、腹痛、霍乱、发汗、口臭等症。

挂金灯（*Physalis alkekengi* var. *franchetii*）
茄科
别名：野辣子、金灯笼、灯笼花

形态特征 多年生草本植物，高20~80厘米。茎直立，不分枝。叶缘波状。花单生叶腋，花冠白色。花萼呈钟形，五浅裂，果期增大成膀胱状，完全包裹浆果，膜质，闭合，似灯笼。浆果呈球形，橙红色。

分布 秦岭较常见，生长在海拔500~1700米的山坡、路旁草丛。

用途及价值 果实外包裹的宿存花萼可入药，具有清热解毒的功效。果实可食用。

细穗腹水草（*Veronicastrum stenostachyum*）

玄参科
别名：钓竿藤、钓鱼竿

形态特征 多年生草本植物。茎呈圆柱形，可达1米，近直立或弓曲。单叶互生，长卵形或卵状披针形，具短叶柄。穗状花序，腋生或顶生于侧生分枝上。花萼裂片5枚，后方一枚稍小。花冠为筒状，四裂，白色或紫色。

分布 常见于秦岭南坡海拔570～1300米的林下阴湿地、路旁潮湿岩石上。

用途及价值 果实富含维生素C，可食。花是很好的蜜源。果壳可入药。

吊石苣苔 (*Lysionotus pauciflorus*)

苦苣苔科

形态特征 木质藤本植物,高5～30厘米。单叶革质,边缘中部以上有少数牙齿。叶常3枚轮生,有时对生或4枚轮生,在枝端密集。聚伞花序,花1～3朵,花两侧对称,二唇形,白色常带紫色条纹。蒴果呈线形。

分布 常见于秦岭南坡海拔700～1700米的林下岩石上、老旧的石头墙体上。

用途及价值 全草可入药,具有治跌打损伤的功效。

平车前 (*Plantago depressa*)

车前科
别名：车轮菜、小车前

形态特征 一年生草本植物，高5~20厘米。具主根。叶基生，直立或平铺，椭圆形或椭圆状披针形，叶脉近平行。穗状花序，长5~10厘米，顶生，花小，为淡绿色，无花梗。

分布 秦岭较常见，生长在海拔500~2500米的路旁、田边及河岸。

用途及价值 全草可入药，具有镇咳、利尿的功效。

鸡矢藤（*Paederia scandens*）

茜草科

别名：女青、臭老婆蔓、老鸹食

形态特征 缠绕藤本植物，长3~5米。全株多分枝，无毛。叶对生，卵形至披针形，揉搓时有鸡屎臭味。大型圆锥花序，顶生，花为淡紫色，筒状，两面均有毛，五裂。果实呈球形，黄色。

分布 常见于秦岭海拔500~1700米的山坡荒地、河谷、路旁林缘。

用途及价值 茎皮纤维是可供造纸和人造棉的原料。全草可入药。

双盾木（*Dipelta floribunda*）

忍冬科
别名：多花双盾、满山红

形态特征 灌木，高可达6米。叶对生，具长柄，全缘。聚伞花序，簇生，紧贴萼筒的一对苞片呈盾片状。花两侧对称，花冠为粉红色，中央为橙黄色。花萼深裂至基部，裂片线形。果实连同花萼齿被宿存而增大的苞片包被。

分布 常见于秦岭海拔800～2100米的杂木林和路旁灌丛。

用途及价值 观赏性植物。

岩败酱（*Patrinia rupestris*）
败酱科

形态特征 多年生草本植物，株高30~60厘米。茎单一或数枝丛生，下部弯曲，稍带紫色。基生叶丛生，茎生叶对生。叶羽状浅裂、深裂、全裂或不分裂，有锯齿。聚伞花序，3~7小枝再排成伞房状，花为黄色。

分布 常见于秦岭海拔1500~2500米的山坡草地或路旁岩石上。

用途及价值 根可入药，治疗腹部胀痛。

日本续断（*Dipsacus japonicus*）
川续断科
别名：山萝卜

形态特征 多年生草本植物，高可达1米。茎多分枝，具4～6棱，棱上具倒钩刺。茎生叶对生，倒卵状长圆形，羽状深裂。头状花序，刺状圆球形，刺毛白。花冠为紫红色，漏斗状。果实呈圆球状。

分布 秦岭分布普遍，生长在海拔500～2200米的山坡草丛或路旁。

用途及价值 根可入药，具有补肾、强筋骨、接断损、活血祛瘀、止痛的功效。

紫斑风铃草（*Campanula punctata*）

桔梗科
别名：灯笼花

形态特征 多年生草本植物，株高20～50厘米。不分枝或中部以上分枝，被短柔毛。基生叶丛生，中部叶互生，下部叶叶柄具翅。花单朵顶生，下垂。花冠大，筒状钟形，淡紫色或白色，具紫色斑点，五裂，裂片有白色睫毛。

分布 常见于秦岭海拔1000～2000米的山坡丛林或沟谷、路旁草地。

用途及价值 全草可入药，具有清热解毒、止痛的功效，主治喉炎、头痛等症。

一年蓬 (*Erigeron annuus*)
菊科

形态特征 一年生或二年生草本植物,全株被白色短硬毛。茎直立,高20~70厘米。叶互生,边缘有粗齿。总苞片3层,披针形,近等长。头状花序呈半球形,再排列成伞房状或圆锥状,花为白色。

分布 常见于秦岭海拔400~2200米的山坡荒地、旷野路旁。

用途及价值 全草可入药,可治疗疟疾。

珠光香青（*Anaphalis margaritacea*）

菊科
别名：山荻

形态特征 多年生草本植物。茎直立，单生或丛生，高30～60厘米，被灰白色蛛丝状绵毛。叶无柄，微抱茎。头状花序再聚集成复伞房花序。总苞5～7层，白色，使花序外观呈白色，但中央黄色。花托呈蜂窝状。

分布 常见于秦岭海拔700～2600米的山坡谷地、路旁和林缘。

用途及价值 全草可入药。

蜂斗菜（*Petasites japonicus*）

菊科
别名：葫芦叶

形态特征 多年生草本植物。茎部叶苞片状，基部抱茎；中部叶后出，圆肾形，薄而大型，不分裂，具角。花序轴高10~20厘米，中空。雌花为白色，雄花为黄白色。果实无毛，其上部的冠毛（宿存的萼片）为白色。

分布 常见于秦岭海拔1000米以下的山谷溪流旁或路旁潮湿岩石下。

用途及价值 全草可入药，具有消肿、解毒、散瘀的功效，主治毒蛇咬伤、痈疖肿毒、跌打损伤等症。

菊科

华蟹甲草（*Sinacalia tangutica*）

菊科
别名：水萝卜

形态特征 茎高60～150厘米，中空。叶纸质，心形，羽状深裂，中部叶裂片3～5对。头状花序数量多，密集成大型宽圆锥花序，花为黄色。

分布 常见于秦岭海拔800～3000米的山坡草地、山沟旁、路旁。

用途及价值 具有保持水土的作用。

蒲儿根（*Sinosenecio oldhamianus*）
菊科

形态特征 一年或二年生草本植物。茎直立，单生。叶纸质，心状圆形，边缘有不规则三角状牙齿。头状花序多数，排列成复伞房状，花为黄色，具异形小花，辐射状，具花序梗。

分布 常见于秦岭海拔500～2200米的山谷、山坡、路旁及疏林下。

用途及价值 全草可入药，具有清热解毒的功效。

参考文献

[1] 中国科学院中国植物志编辑委员会.中国植物志[M].北京：科学出版社，2004.

[2] 牛春山等.陕西树木志[M].北京：中国林业出版社,1990.

[3] 中国科学院西北植物研究所.秦岭植物志[M].北京：科学出版社，1985.

[4] 李世全.秦岭巴山天然药物志[M].西安：陕西科学技术出版社,1987.

[5] 朱石麟，马乃训等.中国竹类植物图志[M].北京：中国林业出版社，1994.

[6] 狄维忠，于兆英等.陕西省第一批国家珍稀濒危保护植物[M].西安：西北大学出版社，1989.

[7] 北京林学院.树木学[M].北京：中国林业出版社，1994.

[8] 陕西省森林工业管理局.秦巴山区经济动植物[M].西安：陕西师范大学出版社，1990.